果树病虫害诊断与防控原色图谱丛书

葡萄病虫害
诊断与防控原色图谱

邱　强　编著

河南科学技术出版社

· 郑州 ·

图书在版编目（CIP）数据

葡萄病虫害诊断与防控原色图谱／邱强编著. —郑州：河南科学技术出版社，2021.1

（果树病虫害诊断与防控原色图谱丛书）

ISBN 978-7-5725-0227-9

Ⅰ.①葡… Ⅱ.①邱… Ⅲ.①葡萄—病虫害防治—图谱 Ⅳ.① S436.631-64

中国版本图书馆 CIP 数据核字（2020）第 244424 号

出版发行：河南科学技术出版社

地址：郑州市郑东新区祥盛街27号　　邮编：450016

电话：（0371）65737028　　65788613

网址：www.hnstp.cn

策划编辑：李义坤

责任编辑：李义坤

责任校对：丁秀荣

封面设计：张德琛

责任印制：朱　飞

印　　刷：河南博雅彩印有限公司

经　　销：全国新华书店

开　　本：850 mm×1 168 mm　1/32　印张：6　字数：150 千字

版　　次：2021年1月第1版　　2021年1月第1次印刷

定　　价：29.80 元

序言

随着我国经济的快速发展和人民生活水平的不断提高，人们对果品的需求量逐年增加，这极大地激发了广大果农生产的积极性，也促使了我国果树种植面积空前扩大，果品产量大幅增加。国家统计局发布的《中国统计年鉴——2018》显示，我国果树种植面积为 11 136 千公顷（约 1.67 亿亩），果品年产量 2 亿多吨，种植面积和产量均居世界第一位。我国果树种类及其品种众多，种植范围较广，各地气候变化与栽培方式、品种结构各不相同，在实际生产中，各类病虫害频繁发生，严重制约了我国果树生产能力提高，同时还降低了果品的内在品质和外在商品属性。

果树病虫害防控时效性强，技术要求较高，而广大果农防控水平参差不齐，如果防治不当，很容易错过最佳防治时机，造成严重的经济损失。因此，迫切需要一套通俗易懂、图文并茂的专业图书，来指导果农科学防控病虫害。鉴于此，我们组织了相关专家编写了"果树病虫害诊断与防控原色图谱"丛书。

本套丛书分《葡萄病虫害诊断与防控原色图谱》《柑橘病虫害诊断与防控原色图谱》《猕猴桃病虫害诊断与防控原色图谱》《枣树病虫害诊断与防控原色图谱》《核桃病虫害诊断与防控原色图谱》5 个分册，共精选 288 种病虫害 800 余幅照片。在图片选择上，突出果园病害发展和虫害不同时期的症状识别特征，同时详细介绍了每种病虫的分布、形态（症状）特征、发生规律及综合防治技术。本套丛书内容丰富、图片清晰、科学实用，适合各级农业技术人员和广大果农阅读。

邱强

2019 年 8 月

前言

我国葡萄种植区域广阔，各地气候变化与栽培方式、品种结构差异较大，葡萄病虫害种类多且其为害性特点各不相同，在一些地区葡萄病虫害发生规律较为复杂，防控难度较大。因此，在葡萄生产中病虫害防治成效已成为影响葡萄生产成败的重要因素，甚至直接关系到葡萄种植的成功与否。

科学合理地识别防治葡萄病虫害，已成为葡萄园管理的一项重要工作。鉴于广大葡萄种植专业户在病虫害防治中的一些难点和痛点，作者根据自己多年的基层植保防控经验，编写了本书。

本书精选了对葡萄产量和品质影响较大的 26 种病害和 29 种虫害，并配有近 200 幅照片，以图文并茂的形式介绍了各种病虫害的症状（为害状）、形态特征、识别要点、发生规律及防控技术。作者在编写中力求其科学性、先进性和实用性，以便广大果农和各级技术人员科学高效地开展葡萄病虫害防治。

限于篇幅和作者经验，不足之处，希望读者多提宝贵意见。

作者通讯邮箱：qiuq88@163.com

邱 强

2019 年 7 月于三门峡

目录

第一部分　葡萄病害

一　葡萄炭疽病

　　葡萄炭疽病又名晚腐病，在我国各葡萄产区发生普遍，在山东、河南、云南、辽宁、吉林、安徽、四川、河北、江苏、湖南、福建、浙江、台湾等地，尤其是在黄河故道及沿海地区为害更为严重，炭疽病在葡萄进入着色期开始盛发。

【症状】

　　葡萄炭疽病主要为害果穗（包括穗轴、果梗及果粒），也为害新梢、花穗、叶片等部位。果实受侵染，一般先改变颜色，到成熟期才陆续表现症状。大多于果实的中下部出现水渍状、淡褐色或紫色小斑点，初为圆形或不规则形，以后病斑逐渐扩大，直径可达8~15毫米，并转变为黑褐色或黑色，果皮腐烂并明显凹陷，边缘皱缩呈轮纹状，病健组织交界处有僵硬感。空气潮湿时，病斑上可见到橙红色黏稠状小点，此为病菌的分生孢子团。后期，在粉红色的分生孢子团之间或其周围偶尔可见到灰青色的一些小粒点，此为病菌的有性阶段子囊壳。发病严重时，病斑可扩展至半个以至整个果面，或数个病斑相连引起果实腐烂。腐烂的病果易脱落。本病侵染果枝、穗轴、叶柄及嫩梢后，会产生深褐色至黑色的椭圆形或不规则短条状的凹陷病斑，空气潮湿时，病斑上亦可见到粉红色的分生孢子团。果梗、穗轴受害严重时，可影响果穗生长以至果粒干缩。叶片与新梢处病斑很少见，主要在叶脉与叶柄上出现长圆形深褐色的斑点，或在叶缘部位产生近圆形或长圆形暗褐色病斑，直径2~3厘米。天气潮湿时病斑表面隐约可

葡萄炭疽病为害葡萄果穗主轴的病斑

葡萄炭疽病果粒上不同时期发病的病斑

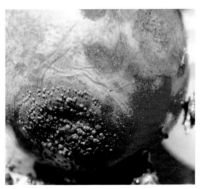

葡萄炭疽病果粒上的病斑（1）

葡萄炭疽病果粒上的病斑（2）

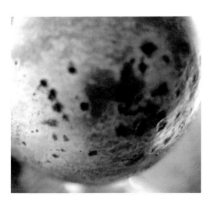

葡萄炭疽病果粒上发病初期的病斑

葡萄炭疽病为害果穗后期的病斑

见绯红色分生孢子块，但不如在果粒上表现明显。

【病原】

我国传统的教科书认为葡萄炭疽病由胶胞炭疽菌 *Colletotrichum gloeosporioides* 引起，但近年北京市农林科学院植物保护环境保护研究所植物病害综合防治研究室研究人员在病害防控过程中发现，不同地区，甚至同一地区葡萄炭疽病的病害症状存在显著差异，推测我国葡萄炭疽病菌存在种群差异，病原菌不明晰是目前田间防控效果不理想的原因之一。历经 6 年的时间，该室采用生物学和分子生物学两种技术手段，系统分析了我国不同地区的葡萄炭疽病菌种群结构，发现我国的葡萄炭疽病菌主要包含三个优势种群：*Colletotrichum viniferum*，*Colletotrichum aenigma*，*Colletotrichum hebeiense*。其中，*Colletotrichum viniferum* 显著存在种内遗传分化，包含 4 个不同的组群；*Colletotrichum hebeiense* 分布在山东、河北等地。

【发病规律】

葡萄炭疽病病菌有潜伏侵染的特性。当病菌侵入绿色部分后即潜伏、滞育、不扩展，直到寄主衰弱后，病菌重新活动而扩展。所以病菌主要以菌丝体在一年生枝蔓表层组织及病果上越冬，或在叶痕、穗梗及节部等处越冬。翌年 5~6 月后气温回升至 20 ℃以上时，带菌枝蔓经雨水淋湿后，形成大量孢子。形成孢子的最适宜温度为 25~28 ℃，12 ℃以下、36 ℃以上则不形成孢子。病菌孢子借风雨传播，萌发侵染，病菌通过果皮上的小孔侵入幼果表皮细胞，经过 10~20 天的潜育期便可出现病斑，此为初次侵染。有部分品种病菌侵入幼果后直至果粒开始成熟时才表现出症状。病菌也可侵入叶片、新梢、卷须等组织内，但不表现病斑，外观看不出异常表现，此为潜伏侵染，这种带菌的新梢将成为翌年的侵染源。葡萄近成熟时，遇到多雨天气则进入发病盛期。病果可不断地释放分生孢子，反复进行再次侵染，引起病害的流行。翌年春环境条件适宜时，产生大量的分生孢子，通过风雨、昆虫传播到果穗上，引起初次侵染。葡萄炭疽病的初次侵染来源主要是叶柄、卷须、结果母枝和果梗，其中卷须和结果母枝带菌量较多；田间试验结果证实，结果母枝和卷须带菌量越多，炭疽病发生越重。

在河南从 5~6 月开始，每下一场雨即产生一批分生孢子，孢子发芽直接侵入果皮。潜育期，幼果为 20 天，近成熟期果为 4 天。潜育期的长短除受温度影响外，还与果实内酸、糖的含量有关，酸含量高时病菌不能发育，也不能形成病斑；硬核期以前的果实及近成熟期含酸量减少的果实上，病菌能活动并形成病斑；熟果含酸量少，含糖量增加，适宜病菌发育，潜育期短。所以一般年份，病害从 6 月中下旬开始发生，以后逐渐增多，7~8 月间果实成熟时病害进入盛发期，此间高温多雨常导致病害的流行。葡萄炭疽病主要为害果实，叶片、新梢、穗轴、卷须较少发生。果粒发病初期，幼果表面出现黑色、圆形、蝇粪状斑点，但由于幼果酸度大、果肉坚硬限制了病菌的生长，病斑不扩大，不形成分生孢子，病部只限于表皮。果粒开始着色时，果粒变软，含糖量增高，酸度下降，则进入发病盛期，最初在病果表面出现圆形、稍凹陷、浅褐色病斑，病斑表面密生黑色小点（分生孢子盘）；天气潮湿时，分生孢子盘中可排出绯红色的黏状物（孢子块），后病果逐渐干枯，最后变成僵果。病果粒多不脱落，整穗僵葡萄仍挂在枝蔓上。葡萄炭疽病的果实发病时间是因葡萄果粒的糖度增大，近成熟期才见发病。

【防治方法】

1. 搞好清园工作　结合修剪清除留在植株上的副梢、穗梗、僵果、卷须等，并把落于地面的果穗、残蔓、枯叶等彻底清除，集中销毁，以减少果园内病菌的来源。

2. 加强栽培管理　生长期要及时摘心，及时绑蔓，使果园通风透光良好，以减轻疾病的发生。同时，须及时摘除副梢，避免树冠过于郁闭，以减轻病害的发生和传播。注意合理施肥，氮、磷、钾三种肥料应配合适当。适当增施钾肥，以提高植株的抗病力。雨后要搞好果园的排水工作，防止园内积水。此外，对一些高度感病品种或严重发病的地区，可以在幼果期采用套袋方法防病。

3. 温室栽培葡萄　选用无滴消雾膜覆盖设施，设施内地面全面积覆盖地膜，并注意通风排湿，降低设施内空气湿度，使空气相对湿度控制在80%以下，抑制孢子萌发，减少侵染。

4. 果穗套袋防病　果穗套袋是预防炭疽病的特效措施，套袋时间宜早不宜晚，以防潜伏感染。

5. 喷药保护　葡萄生长期喷药，以在果园中初次出现孢子时即3~5天内开始喷第1次药，以后每隔15天左右喷1次，连续喷3~5次。在葡萄采收前半个月应停止喷药。防治葡萄炭疽病的药剂有：25%咪鲜胺乳油1 500倍液，40%腈菌唑可湿性粉剂6 000倍液；25%吡唑醚菌酯乳油3 000倍液，或55%嘧菌酯·福美双可湿性粉剂1 500倍液，或25%溴菌腈微乳剂2 500倍液；12.5%烯唑醇可湿性粉剂3 000倍液；80%炭疽福美可湿性粉剂500倍液，或10%苯醚甲环唑水分散粒剂2 500倍液，80%戊唑醇8 000倍液；25%丙环唑乳油2 500倍液；30%苯醚甲环唑·丙环唑乳油4 000倍液；60%噻菌灵可湿性粉剂2 000倍液；5%己唑醇悬浮剂1 500倍液；35%丙环唑·多菌灵悬浮剂2 000倍液；为了提高药液的黏着性能，可加入0.03%的皮胶或其他黏着剂。此外，也可喷用1∶0.5∶200波尔多液，65%代森锌可湿性粉剂500~600倍液，或75%百菌清可湿性粉剂500~800倍液。

二 葡萄白腐病

白腐病又称腐烂病，是葡萄生长期引起果实腐烂的主要病害，在我国葡萄主要产区均有发生，病害流行年份果实损失率可达60%以上，甚至绝收。葡萄白腐病和炭疽病是葡萄园引起烂穗的主要病害，比炭疽病发病早，幼果期即开始发生，到了后期两病可并发，引起严重的损失。7~8月天气高温多雨、空气相对湿度大，特别是遇暴风雨或冰雹时，常引起白腐病的大流行。

【症状】

葡萄白腐病主要为害果穗（包括穗轴、果梗及果粒），也为害新梢、叶片等部位。

（1）果穗发病：常引起大量果穗腐烂，靠近地面的果穗容易发病，受害果穗一般表现为有水浸状、淡褐色、不规则的病斑，呈腐烂状，发病1周后，果面密生一层灰白色的小粒点，病部渐逐失水干缩并向果粒蔓延，果蒂部分先变为淡褐色，后逐渐扩大呈软腐状，以后全粒变褐腐烂，但果粒形状不变，穗轴及果梗常干枯缢缩，严重时引起全穗腐烂；挂在树上的病果逐渐皱缩、干枯成为有明显棱角的僵果。果实在上浆前发病，病果糖分很低，易失水干枯，深褐色的僵果往往挂在树上长久不落，易与房枯病混淆；上浆后感病，病果不易干枯，在受到震动时，果粒甚至全穗极易脱落。

（2）枝蔓发病：在受损伤的地方、新梢摘心处及采后的穗柄着生处，特别是从土壤中萌发出的萌蘖枝最易发病。初发病时，

葡萄白腐病前期果穗
受害状

葡萄白腐病后期果穗
受害状

葡萄白腐病果粒受害状

葡萄白腐病引起落果

葡萄白腐病为害穗轴和果梗而形成的
水渍状腐烂病斑

葡萄白腐病为害茎蔓

葡萄白腐病为害叶片

病斑初呈淡黄色水浸状，边缘深褐色，随着枝蔓的生长，病斑也向上下两端扩展、变褐、凹陷，表面密生灰白色小粒点。随后表皮变褐、翘起、病部皮层与木质部分离，常纵裂成乱麻状。当病蔓环绕枝蔓一周时，中部缢缩，有时在病斑的上端病健交界处由于养分输送受阻而变粗或呈瘤状。

（3）叶片发病：多在叶缘、叶片尖端或破损处发生，初呈淡褐色，水浸状病斑，逐渐向叶片中部蔓延，并形成不明显的同心轮纹，干枯后病斑极易破碎。天气潮湿时形成白色小点（分生孢子器），多分布在叶脉附近。

该病主要的特点是在潮湿的情况下为害部位有一种特殊的霉烂味。

【病原】

葡萄白腐病是由白腐垫壳孢菌 *Coniella diplodiella* (Speg.) Petrak & Sydow 寄生引起的。适宜菌丝生长的温度范围为20~30 ℃，最适温度为25~30 ℃；适宜产孢温度范围为20~35 ℃，最适温度为30 ℃；适宜孢子萌发的温度范围为25~35 ℃，最适温度为28~32 ℃。适宜菌丝生长和产孢的 pH 值范围是3~5，最适 pH 值为3；适宜孢子萌发的 pH 值范围为2~9，最适 pH 值为3~5。光照对菌丝生长及孢子萌发无影响，但全光照能抑制病菌产孢。

【发病规律】

葡萄白腐病病菌主要以分生孢子器、菌线体和分生孢子在病残体（病枝梢、病果及病叶等）和土壤中越冬。病菌在土壤中的病残组织内可存活4~5年，室内干燥时可存活7年，直接在土中也能存活1~2年。在干燥条件下病果的基部由紧密的菌丝体构成"壳座"，对不良环境条件有较强的抵抗能力。壳座可以形成新的分生孢子器和分生孢子。翌年春季,越冬的病原菌在适宜的温度和湿度等条件下产生分生孢子。分生孢子随着风和雨水飞溅传播并附着在植株上,萌发后进行侵染,也可以通过农业机械操作将带菌土壤携带到葡萄上侵染果穗等。经常发生白腐病的果园,土壤中含有丰富的分生孢子,一般情况下,每克表层土中含有 300~2 000 个分生孢子。越冬后的病菌组织于翌年春末夏初,温度升高又遇雨后可产生新的分生孢子器及孢子。病菌的分生孢子靠雨滴溅散而传播,萌发后以芽管对靠近上面的果穗及枝梢进行初侵染,其侵入的途径主要是伤口及果实的蜜腺,有的亦可从较薄的表皮处直接侵入。初侵染发病后,病部产生新的分生孢子器和分生孢子,又通过雨滴溅散或昆虫媒介传播,在整个生长季可进行多次的再侵染。病害的潜育期一般为 5~7 天,最适条件下,感病品种上的病害潜育期只有 3~4 天,而抗病品种可长达 10 天。白腐病的潜育期一般为 5 ~ 6 天,但潜育期的长短也会随着果实状况和气候条件不同而有变化。白腐病菌的分生孢子萌发和开始侵染均在 24~27 ℃ 最快;低于 15 ℃ 孢子萌发和侵染速度都减慢;超过 34 ℃ 病害很难扩展。如果雹灾后低于 15 ℃ 的时间持续 24~48 小时就不能发生病菌侵染。温度保持在 22 ℃ 或升高到 24~27 ℃,病害发生最严重。

雨水和冰雹造成的泥水飞溅、农业操作中造成的尘土飞扬,都会把分生孢子传播到果穗上,并且下雨时白腐病的分生孢子会借助枝蔓上雨水的向下流动,利用表面张力向上传播。白腐病的分生孢子不能直接侵入果实,但可以通过皮孔直接侵入穗轴和果梗。侵入果实需要通过伤口,最主要是冰雹造成的伤口;尘土飞扬造成的伤口、病虫害造成的伤口、田间管理造成的伤口等,也可以成为白腐病侵入的通道。冰雹不但会造成伤口,而且会引起泥水飞溅、传播孢子，引起白腐病的大发生，所以在欧美等国家或地区，把白腐病称为"冰雹"病害。冰雹虽然是白腐病大暴发最主要的因素，但不是唯一因素，分生孢子通过皮孔直接侵入穗轴或果梗，仍然可以造成巨大的损失。

发病时期因各地气候条件不同而有早晚。华东地区一般于6月上中旬开始发病，华北地区在6月中下旬发生，东北地区则在7月发生。发病盛期一般都在采收前的雨季（7~8月）。

约80%的病穗分布在距地面40厘米以下的果穗上，而20厘米以下的病穗又占60%。接近地面的果穗受病菌感染的机会较多。华北地区6月无论是土壤还是空气都较干燥，而白腐病的侵染则需要相当程度的水分和湿度。一旦遇到降水，再遇到连续几个晴夜，由于逆温地表数厘米可以达到相当高的湿度和并形成凝露，而架上仍干燥。因此，在6月中下旬至7月上旬，在凝露的天数上，架下要比架上多，或者接近饱和的空气相对湿度下，架下也比架上凝露重，而且出现时间早，消失也晚。这就造成架下的环境条件比架上更有利于病菌的侵染，因此，田间架下白腐病的出现更早而且多。随着雨季的到来，空气相对湿度逐渐加大，架上的凝露也逐渐增加，这时架上架下的湿度差异缩小，病害逐渐进入流行期。土壤黏重、排水不良或地下水位高时，白腐病发病重。立架的葡萄发病重，棚架的葡萄发病轻，双立架式又重于单立架式。潮湿环境有利于白腐病病菌的侵染，高温高湿和伤口是葡萄白腐病流行的最主要的条件，而高湿和伤口是发病最关键的条件。在多雨的季节里，空气湿度较大，有利于病原菌侵染，所以病害发生严重。

葡萄白腐病和炭疽病是葡萄园发生烂穗的主要病害，白腐病比炭疽病发病早，幼果期就开始发生，但到了后期两病并发形成大流行，会引起严重损失。在我国中部地区，炭疽病发生常较白腐病严重；在华北和东北地区，两种病发生同样严重。7~8月天气高温多雨、空气相对湿度大时，特别是遇到暴风雨或冰雹，常引起白腐病的大流行。品种间抗病性也有差异，一般欧亚种易感病，欧美杂交种比较抗病。

【防治方法】

防治葡萄白腐病应从减少菌源、加强栽培管理、增强植株抗性、控制侵染和发病条件及做好病害的预测做起，采取及时喷药防治等综合措施。

1. 减少菌源　白腐病的侵染源主要是病残体及土壤中越冬的菌丝团、分生孢子器和分生孢子。因此，应在秋冬季休眠期修剪，彻底清除病果穗、病枝蔓，刮除可能带病菌的老树皮；彻底清除果园中的枯枝蔓、落叶、病果穗等，然后将清扫的病残体集中销毁；果园土壤进行一次深耕翻晒；翌年开春前对植株喷1次3~5波美度石硫合剂，也可在地面撒药粉灭菌，可用福美双500克、硫黄粉500克、碳酸钙12千克，每亩撒混合药粉1~2千克，彻底清园可大量减少翌年初侵染的菌源。生长季节田间侵染发生后，结合管理勤加检查，及时剪除早期发现的病果穗、病枝蔓，收拾干净落地的病粒，带出园外集中深埋，可减少当年再侵染的菌源，减轻病情和减缓病害发展的速度。

2. 加强管理

（1）栽培抗病品种：在病害经常流行的地区，尽可能不种植高度感病的品种，而代以园艺性状好的中抗品种。因地制宜选用抗病品种，如玫瑰香、龙眼品种等较抗白腐病。

（2）增施有机肥：增施优质的有机肥料，增加土壤肥力，改善土壤结构，增强植株长势，提高抗病力。

（3）提高结果部位：因地制宜尽可能采用棚架式，结合绑蔓和疏花疏果，使结果部位尽可能提高到 40 厘米以上，可减少病菌接触的机会，有较好的防病作用。

（4）疏花疏果：根据果园的肥力状况，结合修剪和疏花疏果，合理调节植株的挂果负荷量，避免只追求眼前取得高产的暂时利益而削弱了树势。

（5）精细管理：加强肥水、摘心、绑蔓、摘副梢、中耕除草、雨季排水及其他病虫的防治等经常性的田间管理工作。

（6）剪病果穗：葡萄白腐病在有雨和露水时即可侵染葡萄植株，葡萄果穗一般内部穗轴、果梗比外部的果粒潮湿，有时昆虫也可以在葡萄果穗内部为害造成伤口。一般葡萄果穗上发现葡萄白腐病是从葡萄果穗内部先发病，然后再发展到葡萄果粒上的。因此，当我们发现葡萄果粒上发生葡萄白腐病时，已是由葡萄果穗由内向外开始腐烂了，也就是说已是晚期了。只有剪掉整个葡萄果穗才能防止其再次传染其他健康葡萄果穗。

3. 药剂防治　喷药防治应掌握于病害始发期即喷第 1 次药，以后根据病情及天气情况，每隔 7~15 天喷 1 次，共需喷 3~5 次。每次降水后，在天气晴朗时首先要把田间地表的葡萄叶子、枝蔓及烂穗拣走，把枝蔓上过于腐烂的果穗剪掉，随后进行喷药防治。250 克 / 升吡唑醚菌酯乳油 1 000 倍液、400 克 / 升氟硅唑乳油 7 500 倍液、25% 丙环唑乳油 3 500 倍效果最好，10% 苯醚甲环唑水分散粒剂 1 500 倍液，或 25% 戊唑醇水乳剂 3 000 倍液，或 10% 戊菌唑乳油 3 000 倍液，或 50% 福美双可湿性粉剂 600~800 倍液，或 25% 甲硫·腈菌可湿性粉剂 600 倍液，或 50% 多菌灵可湿性粉剂 800~1 000 倍液，或 50% 丙环唑微乳剂 7 500 倍液，或 50% 托布津可湿性粉剂 500 倍液，或 75% 百菌清可湿性粉剂

500~600 倍液，或 1∶0.75∶200 波尔多液也有较好防效。

　　加入展着剂的药液可迅速渗透到葡萄果穗内部，形成药膜，起到治疗和保护的作用。用药时一定要雾滴小、喷雾均匀，上下、内外要均匀着药，不能漏喷。因这时整个葡萄植株有很多处伤口，通过风雨的传播，葡萄白腐病菌已在伤口处侵染，没有药液的保护，一定会发病，通常相隔 5~7 天再喷一次药，这样可减轻葡萄白腐病的发生。还需要注意的是，每天都要到田间看一看，检查是否有新的病穗、病枝发生，发现后及时剪除，减少其再次侵染。有伤口时，如遇到适合白腐病发生的条件（尤其是冰雹后），并且有病菌孢子存在的条件下，应尽快施用杀菌剂。一般冰雹后12~18 小时内施用农药。

三 葡萄霜霉病

葡萄霜霉病是一种世界性的葡萄病害。我国各葡萄产区均有分布，在葡萄生长季节，多雨、温暖潮湿的地区发生为害较重，常造成葡萄早期落叶，为害很大，是我国葡萄主要的病害之一。生长早期发病可使新梢、花穗枯死，中后期发病可引起早熟落叶或大面积枯斑而严重削弱树势，并影响下一年产量。葡萄霜霉病作为一种常见的葡萄病害，不仅严重影响当年果品的产量和质量，而且使树势衰弱、枝芽发育不充分、花芽分化不良、植株不能安全越冬、冬芽枯死。

【症状】

病菌侵染植株的所有绿色部分。

1.叶片 病部油浸状，角型，淡黄色至红褐色，限于叶脉。发病4~5天后，病斑部位反面形成幼嫩密集白色霜状物，这是本病的特征，霜霉病因此而得名。病叶是果粒的主要侵染源。严重感染的病叶造成叶片脱落，从而降低果粒糖分的积累和越冬芽的抗寒力。

2.新梢 上端肥厚、弯曲，形成孢子变白色，最后变褐色而枯死。如果生长初期侵染，叶柄、卷须、幼嫩花穗也出现同样症状并最后变褐色，干枯脱落。

3.果粒 幼嫩的果粒高度感病，感染后果实变灰色，表面布满霜霉。果粒长大到直径2厘米时，一般不形成孢子，也就是没

葡萄霜霉病黄化坏死病斑

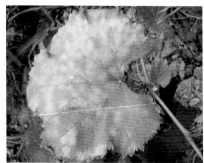

葡萄霜霉病为害叶片，出现失绿黄斑

葡萄霜霉病叶面病斑呈灰褐色

葡萄霜霉病叶背有霜状霉层（1）

葡萄霜霉病叶背有霜状霉层（2）

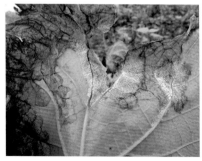

葡萄霜霉病病斑叶背大型病斑有霜状霉层

葡萄霜霉病为害果梗

葡萄霜霉病为害葡萄果粒致其
提前变红

有霜霉状物。果粒成熟时较少感病，但感染的果梗可以传染给已成熟的果粒，病粒变褐色，但不形成孢子。白色葡萄品种感染时较大果粒变暗灰绿色，而红色品种感染时果粒则变粉红色，感染的果粒保持坚硬，甚至比正常果粒还硬，但成熟时变软。病粒易脱落，留下干的梗疤，部分穗轴或整个果穗也会脱落。

【病原】

葡萄霜霉病是由葡萄生单轴霉 *Plasmopara viticola*（Berk. & Curt.）Berl. & de Toni 寄生引起的，病菌属鞭毛菌，是专性寄生菌。

【发病规律】

病菌主要以卵孢子在病残组织内越冬，卵孢子的抗逆力很强，病残组织腐烂后落入土壤中的卵孢子能存活两年。越冬的卵孢子一般经 3 个月的休眠后，当降水量达 10 毫米以上、土温 15 ℃左右时即开始萌发。通过气流或雨滴溅散传播至叶片上，引起发病。初侵染发病后，在有雨、露、雾且相对湿度达 95% 以上时，病斑上长出成簇的孢囊梗和大量的孢子囊。孢子囊靠风、露水或雨水传播分散。在整个生长季可重叠进行多次再侵染，使病情逐渐加重。病害的潜育期因温度不同而异，在适宜的温度下一般为4~7天，潜育期还因品种抗性不同而异。感病品种只需7~12天，而抗病品种则可长达20天。抗病类型的葡萄品种叶背气孔小、稀少，气孔有白色的堆积物，而感病类型的气孔大、密集，叶片气孔对游动孢子向性引力的大小也是构成葡萄对霜霉病抗性的主要因素，抗病品种叶片上可侵入的孢子数目显著低于感病品种，感病品种叶片的气孔比抗病品种叶片的毛孔对游动孢子有更大的向性引力。一般美洲种较欧亚种抗病，不同品种对霜霉病存在显著的差异。

生长季末当气温下降、水分减少、植株落叶休眠时，病组织内的菌丝产生藏卵器和雄器，配合后形成卵孢子休眠越冬。冬天和翌年春天较为潮湿，如果随后夏天的雨水较多，霜霉病就会发生早且严重。因为，在潮湿的冬天卵孢子越冬基数（成活率）高，潮湿的春天导致病害发生早并进一步发展，在果园内广泛传播；夏季的雨水不但提供了病害暴发的条件，而且会刺激新梢、幼叶的生长和组织含水量的增加，使植株更易感病（抗病性降低），从而导致病害流行和大暴发。

病菌卵孢子萌发温度为13~33 ℃，适宜温度为25 ℃，同时需要有充足的水分或雨露。孢子囊萌发温度为5~27 ℃，适宜温度为10~15 ℃，并要有游离水存在。孢子囊形成温度为13~28 ℃，15 ℃左右形成孢子囊最多，要求空气相对湿度为95%~100%。因此，秋季低温多雨易引致该病的流行。潮湿、冷凉、多露和多雾的天气或季节易于发病。

【防治方法】

在病害流行地区防治葡萄霜霉病应以栽种抗病品种为主，在此基础上，搞好越冬期防治，尽可能减少初侵染菌源，重视丰产控病栽培管理，适时进行药剂防治。

1. **越冬期防治** 病残体中越冬的卵孢子是主要的初侵染菌源。因此，秋末和冬季，结合冬前修剪进行彻底的清园，剪除病弱枝梢，清扫枯枝落叶，集中销毁，同时秋冬季深翻耕，并在植株和附近地面喷 1 次 3~5 波美度石硫合剂，可杀灭大量越冬菌源，减少翌年的初次侵染。

2. **加强栽培管理** 避免在地势低洼、土质黏重、周围窝风、通透性差的地方种植葡萄。建园时要规划好田间灌排系统，适当放宽行距，行向与风向平行。棚架应有适当的高度，施足优质的有机底肥，生长期根据植株长势适量追施磷、钾、氮及微量元素等肥料，避免过量偏施氮肥而造成枝叶徒长。如果徒长应及时绑蔓，修剪过旺枝梢，清除病残叶，清除行间杂草及雨季加强排水等。

3. **调节室内的温湿度** 尤其在葡萄坐果以后，白天室温应快速提至 30 ℃以上，并尽力维持在 32~35 ℃，以高温低湿来抑制孢子囊的形成、萌发和孢子的萌发侵染。16 时左右开启风口通风排湿，降低室内湿度，使夜温维持在 10~15 ℃，空气相对湿度不高于 85%，控制病害发生。

4. **药剂防治** 主要目标是防止该病造成早期落叶及幼果受害。霜霉病发病前，应以保护性杀菌剂为主；发病初期，一般先形成发病中心，此时要对发病中心重点防治；一般情况，应注意雨季、立秋前后的防治；北方葡萄产区在立秋前后或发现霜霉病时，应使用 1~2 种内吸性杀菌剂。注意内吸性杀菌剂与保护性杀菌剂混合或交替使用。

（1）预防保护：从6月上旬坐果初期开始，喷施下列药剂进行预防：1∶0.7∶200波尔多液，或75%百菌清可湿性粉剂800倍液，或80%代森锰锌可湿性粉剂800倍液，或70%丙森锌可湿性粉剂600倍液，或56%氧化亚铜悬浮剂1 000倍液，或70%百菌清·福美双可湿性粉剂800倍液，或77%硫酸铜钙可湿性粉剂500~700倍液，或80%波尔多液可湿性粉剂300~400倍液，或78%波尔多液·代森锰锌可湿性粉剂500~600倍液，或77%氢氧化铜可湿性粉剂600~700倍液等。

（2）病害发生初期，可用下列药剂：68%精甲霜灵·代森锰锌水分散粒剂550~660倍液，或60%吡唑醚菌酯·代森联水分散粒剂1 000~2 000倍液，或66.8%丙森锌·缬霉威可湿性粉剂700~1 000倍液，或25%烯酰吗啉·松脂酸铜水乳剂800~1 000倍液，或69%烯酰吗啉·代森锰锌可湿性粉剂1 000~1 500倍液，或50%氟吗啉·三乙膦酸铝可湿性粉剂800~1 500倍液，或50%嘧菌酯水分散粒剂6 000倍液，或58%甲霜灵·代森锰锌可湿性粉剂300~400倍液，喷雾时要注意叶片正面和背面都要喷洒均匀。

（3）病害发生中期，可用下列药剂：50%甲呋酰胺可湿性粉剂800~1 000倍液；25%甲霜灵可湿性粉剂600倍液，或50%恶霜灵可湿性粉剂2 000倍液，或20%唑菌胺酯水分散粒剂1 000~2 000倍液，或25%烯肟菌酯乳油3 000倍液，或10%氰霜唑悬浮剂2500倍液，或12.5%噻唑菌胺可湿性粉剂1 000倍液，或25%甲霜灵·霜霉威可湿性粉剂800倍液，或25%双炔酸菌胺悬浮剂3 500倍液，或80%烯酰吗啉+5%氟吡菌胺+5%霜脲氰水分散粒剂5 000~8 000倍液，或50%烯酰吗啉可湿性粉剂1 000倍液。为防止病菌产生抗药性，杀菌剂应交替使用。

　　喷洒药剂要均匀、全面，尤其是在使用没有内吸传导性的药剂时。喷药的重点部位是叶片的背面，但同时要注意开花前后喷洒花序和果穗；秋雨多的年份，中晚熟品种采收后还应喷药2~3次，以免早期落叶。

四　葡萄黑痘病

黑痘病又名疮痂病，俗称"鸟眼病"，我国各葡萄产区都有分布。在春夏两季多雨潮湿的地区发病很重，常造成较大的经济损失。

【症状】

该病主要为害葡萄的绿色幼嫩部位，如果实、果梗、叶片、叶柄、新梢和卷须等。

1. **叶片**　开始出现针头大红褐色至黑褐色斑点，周围有黄色晕圈。后病斑扩大呈圆形或不规则形，中央灰白色，稍凹陷，边缘暗褐色或紫色，直径 1~4 毫米。干燥时病斑自中央破裂穿孔，但病斑周缘仍保持紫褐色的晕圈。

2. **叶脉**　病斑呈梭形，凹陷，灰色或灰褐色，相连边缘暗褐色。叶脉被害后，由于组织干枯，常使叶片扭曲、皱缩。

葡萄黑痘病初期叶片症状

葡萄黑痘病为害幼叶病斑

葡萄黑痘病为害果粒症状

葡萄黑痘病为害果实不同时期的病斑

3. 穗轴 发病使全穗或部分小穗发育不良，甚至枯死。果梗发病可使果实干枯脱落或僵化。

4. 果实 绿果被害，初为圆形深褐色小斑点，后扩大，直径可达 2~5 毫米，中央凹陷，呈灰白色，外部仍为深褐色，而周缘紫褐色似鸟眼状。多个病斑可连接成大斑，后期病斑硬化或龟裂。病果小而酸，失去食用价值。

葡萄黑痘病为害幼蔓症状

染病较晚的果粒，仍能长大，病斑凹陷不明显，但果味较酸。病斑限于果皮，不深入果肉。空气潮湿时，病斑上出现乳白色的黏状物，此为病菌的分生孢子团。

5. 新梢、蔓、叶柄或卷须 发病时，初现圆形或不规则褐色小斑点，以后呈灰黑色，边缘深褐色或紫色，中部凹陷开裂。新梢未木质化以前最易感染，发病严重时，病梢生长停滞、萎缩，甚至枯死。叶柄染病症状与新梢相似。

【病原】

葡萄黑痘病病原菌为葡萄痂囊腔菌 *Elsinoe ampelina*（de Bary）Shear，属子囊菌亚门。无性阶段为葡萄痂圆孢菌 *Sphaceloma ampelium*（de Bary），属半知菌亚门。病菌的无性阶段致病，有性阶段病菌很少见。

【发病规律】

病菌主要以菌丝体潜伏于病蔓、病梢等组织越冬，也能在病果、病叶和病叶痕等部位越冬。病菌生活力很强，在病组织中可存活 3~5 年。翌年 4~5 月产生新的分生孢子，借风雨传播。孢子萌发后，芽管直接侵入幼叶或嫩梢，引起初次侵染。侵入后，菌丝主要在表皮下蔓延，以后在病部形成分生孢子盘，突破表皮，在湿度大的情况下，不断产生分生孢子，通过风雨和昆虫等传播，对葡萄幼嫩的绿色组织进行重复侵染，温湿条件适合时，6~8 天便发病产生新的分生孢子。病菌远距离传播则依靠带病的枝蔓传播。

分生孢子的形成要求 25 ℃左右的温度和比较高的湿度。菌丝生长的温度范围为 10~40 ℃，最适为 30 ℃。潜育期一般为 6~12 天，在 24~30 ℃时，潜育期最短；超过 30 ℃，发病受抑制。新梢和幼叶最易感染，潜育期也较短。

4~6 月高温多雨有利于分生孢子的形成、传播和萌发侵入。同时，高温多雨又会造成寄主幼嫩组织的迅速生长，因而此时病害发生严重。干旱年份或少雨地区，发病显著减轻。

欧美杂交种葡萄对本病抗性较强，而欧亚种葡萄大多数不抗黑痘病。

【防治方法】

防治葡萄黑痘病应采取减少菌源，选择抗病品种，加强田间管理及配合药剂防治等综合措施。

1. **苗木消毒**　将苗木或插条在 3% 硫酸铜溶液中浸泡 3~5 分钟，取出即可定植或育苗。

2. 彻底清园　冬季进行修剪时，应剪除病枝梢及残存的病果，刮除病、老树皮，彻底清除果园内的枯枝、落叶、烂果等，然后集中销毁，然后用铲除剂喷布树体及树干四周的上面。常用的铲除剂有 3 波美度石硫合剂。喷药时期以葡萄芽鳞膨大但尚未出现绿色组织时为好。过晚喷洒会发生药害，过早喷洒药效较差。

3. 药剂防治　该病是葡萄生产中的早期病害，喷药目标是防止幼嫩的叶、果、蔓梢发病。在搞好清园越冬防治的基础上，生长季节的关键用药时期是花前半月、落花 70%~80% 时和花后半月，共 3 次。

（1）葡萄开花前，可用下列药剂喷施：1:0.7:250 的波尔多液，或 80% 丙森锌可湿性粉剂 800~1 000 倍液，或 75% 百菌清可湿性粉剂 600~700 倍液，或 65% 代森锌可湿性粉剂 500~600 倍液，或 86.2% 氢氧化铜悬浮剂 1 000~1 500 倍液，或 70% 代森锰锌可湿性粉剂 600~800 倍液等。

（2）葡萄开花后病害发生初期，可喷施下列药剂：70% 甲基硫菌灵可湿性粉剂 1 000 倍液，或 25% 嘧菌酯悬浮剂 1 200 倍液，或 32.5% 代森锰锌·烯唑醇可湿性粉剂 600 倍液，或 5% 亚胺唑可湿性粉剂 800 倍液，或 25% 戊唑醇水乳剂 2 000 倍液，或 40% 氟硅唑乳油 7 000 倍液，或 50% 咪鲜胺锰盐可湿性粉剂 2 000 倍液，或 40% 噻菌灵可湿性粉剂 1 500 倍液，或 10% 苯醚甲环唑水分散粒剂 2 000 倍液，或 12.5% 烯唑醇可湿性粉剂 3 000 倍液等。若遇下雨，要及时补喷。注意控制春季和秋季发病高峰期。喷药前如能仔细地摘除已出现的病梢、病叶、病果等，则效果更佳。

五　葡萄灰霉病

　　葡萄灰霉病是为害葡萄的重要病害之一。因气候条件不同，各个年份间发病程度不一。成熟的果实也常因此病在贮藏、运输和销售期间导致腐烂。

【症状】

　　葡萄灰霉病为害花穗和果实，有时也为害叶片和新梢。

葡萄灰霉病为害葡萄穗轴和果梗

葡萄灰霉病果粒有灰色霉层

葡萄灰霉病病果裂开

葡萄灰霉病叶片病斑

1.**花穗** 多在开花前发病，花序受害初期似被热水烫过，呈暗褐色，病组织软腐，表面密生灰色霉层，被害花序萎蔫，幼果极易脱落；感病后果梗呈黑褐色，有时病斑上产生黑色块状的菌核。

2.**果实** 在近成熟期感病，先产生淡褐色凹陷病斑，很快蔓延全果，使果实腐烂；发病严重时新梢叶片也能感病，产生不规则的褐色病斑，病斑有时出现不规则轮纹；贮藏期如受病菌侵染，浆果会变色、腐烂，潮湿时病穗上长出一层鼠灰色的霉层。成熟果实及果梗被害，果面出现褐色凹陷病斑，很快整个果实软腐，长出鼠灰色霉层。有时在果梗表面产生黑色菌核。

【**病原**】

病原在无性阶段是灰葡萄孢菌 *Botrytis cinerea* Persoon，在有性阶段是富氏葡萄孢盘菌 *Botryotinia fuckeliana*（de Bary）Whetzel。在葡萄园中常见的是无性阶段病原菌。该病原菌菌丝在 5~30 ℃均可生长，产生分生孢子的温度范围为 10~25 ℃，菌核形成温度范围为 15~22.5 ℃，最适温度均为 20 ℃；分生孢子萌发的温度范围为 7.5~30 ℃，最适温度为 20~25 ℃。在 pH 值 2~9 的范围内该菌均能生长，最适 pH 值为 6。分生孢子需在高湿条件下才能萌发，相对湿度低于 100% 时不能萌发。完全光照对该菌菌丝生长有促进作用，而完全黑暗更利于产孢、孢子萌发及菌核的形成。单糖及双糖、有机氮及硝态氮是病原菌较好的碳源和氮源。分生孢子和菌核的致死温度分别是 42 ℃和 46 ℃。

【**发病规律**】

该病以分生孢子或菌核在病穗、病果上越冬，当气温在 15~20 ℃时开始传播。露地葡萄初侵染期在 5 月上中旬，大棚葡萄发病早。一般发病时间平均在葡萄开花前 7~10 天。该病在花前发生较轻，末花期到落果期发病重。此期若大棚湿度高、外界气温低（特别是阴雨天），则是灰霉病侵染的高峰时期，但不会表现出来，等到天气晴好、温度升高以后，病状迅速出现，难以防治。灰霉病发生需要的湿度并不是很高，有的年份花期并不下雨，但只要早上、夜里有露水就足够了。重要的是温差，开花期温差大的年份发病重。

在果实着色期至成熟期，如遇连续降水天气，则会引起裂果，病菌从伤口侵入，导致果粒大量腐烂。该病的发病温度为5~31 ℃，最适宜温度为20~23 ℃，空气相对湿度在85%以上时发病严重。在春季气温20 ℃左右、空气相对湿度超过95%且连续3天以上的年份均易流行灰霉病。此外，管理措施不当，如枝蔓过多、氮肥过多或缺乏、管理粗放等，都可引起灰霉病的发生。

葡萄在贮藏期间也易发生此病，在低温条件下该病原菌仍可生长，为葡萄低温贮藏的主要病害之一。

【防治方法】

1. **农业防治**　出现徒长的葡萄应控制氮肥，轻剪长放，喷生长抑制剂，增强其抗病能力；畅通排水，清除杂草，避免枝叶过密，及时绑扎枝蔓，使架面通风透光，降低田间温度，以减少发病；塑料大棚中空气相对湿度控制在80%以下；晴天当棚温升至33 ℃时开始通风，下午棚温保持20~25 ℃，傍晚棚温降至20 ℃左右关闭风口；上午尽量保持较高棚温，使棚顶露水雾化；夜间棚温应保持在15 ℃左右，不能太低，尽量减少或避免叶面结露，阴天也应注意通风；采用地膜覆盖，膜下暗灌，用喷粉或熏烟方式施药，采用无滴膜，均可有效地降低棚内空气相对湿度；在南方改篱架为棚架，对减少葡萄灰霉病及其他病害的发生有显著效果；葡萄园不宜间作草莓，以免该病交叉感染。

2. **药物防治** 花前 7~10 天及落花落果期是用药的最佳时间。50% 烟酰胺水分散剂 1 000~1 500 倍液，对灰霉病有较好的治疗和保护作用，与其他药剂无交互抗性，持效时间长；40% 嘧霉胺 1 000 倍液，对菌丝的侵入特别有效，防治成本低，对葡萄安全。50% 嘧菌环胺水分散粒剂 1 000 倍液，或 40% 双胍三辛烷基苯磺酸盐可湿性粉剂 1 500 倍液，或 40% 双胍辛胺可湿性粉剂 2 000 倍液，或 22.2% 恩康唑乳油 1 000~1 200 倍液，或 97% 恩康唑乳油 4 000 倍液，内吸性好，杀菌彻底，主要用于处理穗部。50% 腐霉利可湿性粉剂 2 000 倍液或 50% 异菌脲悬浮剂 1 500~2 000 倍液都有很好的防治作用，多菌灵、甲基硫菌灵、甲霉灵、多霉灵等也是防治灰霉病的常用药剂。用哈茨木霉菌叶部专用型广谱杀菌剂稀释 300 倍使用。保证喷洒的药液覆盖作物叶部正反面和茎部，一般每亩使用剂量为 100~300 克。为避免病菌产生抗药性，应将不同类杀菌剂轮换使用。

3. **贮藏期的抑菌处理** 二氧化硫是贮藏库消毒杀菌的最佳药剂。应当掌握好使用浓度，不同品种对二氧化硫忍受能力各不相同，必须事先通过试验确定合适的浓度。一般按 20 克 / 米^3 硫黄粉进行熏硫处理。除此之外，仲丁胺、过氧乙酸等也可用。贮藏过程中，采取低温、气体调节、辐射杀菌和药剂杀菌等措施，创造不利于病菌生长的环境，提高葡萄贮藏性以达到保鲜的目的。

六　葡萄穗轴褐枯病

该病在东北、华中和西北地区各省（区）均有分布，是威胁葡萄生产的一种新病害。

【症状】

在幼穗的穗轴上先产生褐色水浸状斑点，迅速扩展后穗轴变褐坏死。有时病部产生黑色霉状物，即病菌分生孢子梗和分生孢子。

【病原】

病原菌为葡萄生链格孢霉 *Alternaria viticola* Brun。分生孢子梗数根，丛生，不分枝。分生孢子单生或 4~6 个串生。分生孢子倒棍棒形，具 1~7 个横隔、0~4 个纵隔，大小为（20~47.5）微米 ×（7.5~17.5）微米。

葡萄穗轴褐枯病穗轴有水浸状斑点

葡萄穗轴褐枯病穗轴变褐坏死

【发病规律】

以分生孢子在枝蔓表皮或幼芽鳞片内越冬，翌年春季侵入，形成病斑并产出分生孢子进行再侵染。春季花期潮湿多雨，幼嫩组织（穗轴）木质化慢，易被病菌侵染而发病重；随穗轴老化，病情逐渐稳定。

【防治方法】

（1）搞好果园通风透光、排涝降湿等工作。

（2）及时剪去病果、病蔓，集中深埋。

（3）适当摘剪果穗，控制新梢生长，以利于恢复树势、增加抗病性。

（4）在葡萄发芽前，喷3波美度石硫合剂或45%晶体石硫合剂30倍液，或50%硫黄悬浮剂100倍液。于萌芽后4月下旬、开花前5月上旬、开花后5月下旬各喷1次杀菌剂。使用的药剂有：75%百菌清可湿性粉剂800倍液，或80%代森锰锌可湿性粉剂1 000倍液，或50%多菌灵可湿性粉剂1 000倍液，或70%甲基硫菌灵可湿性粉剂1 500倍液，或50%异菌脲可湿性粉剂1 500倍液，或40%醚菌酯悬浮剂1 000倍液，或1.5%多抗霉素可湿性粉剂500倍液等。

七　葡萄房枯病

葡萄房枯病又名穗枯病、粒枯病。分布于河南、安徽、江苏、山东、河北、辽宁、广东等地，一般为害不重。但是在高温、高湿条件下，若果园管理不善、树势衰弱时发病严重。

【症状】

在穗轴、果粒和叶等部位发病。

1.**穗轴**　靠近果粒的部位出现圆形、椭圆形或非正圆形的病斑，呈暗褐色至灰黑色，稍凹陷。部分穗轴干枯，果粒生长不良，果面发生皱纹。病原菌从穗轴侵入附近果粒，发生病斑。

2.**果粒**　果粒发病，最初由果蒂部分失水萎蔫，出现不规则的褐色斑，逐渐扩大到全果，变紫变黑，干缩成僵果，果梗、穗轴褐变，干燥枯死，长时间残留树上，此为房枯病的主要特征。

3.**叶**　发病时叶上出现灰白色、圆形病斑，其上也有分生孢子器。房枯病的病果不脱落，利用这一特征可区别于白腐病。

葡萄房枯病穗轴干枯

葡萄房枯病果粒变褐

【病原】

葡萄房枯病病原有性阶段为葡萄囊孢壳菌 *Physalospora baccae Cavala*，属子囊菌亚门。无性阶段为大茎点菌 *Macrophoma faocida*（Viala et Ravaz）Cav，属半知菌亚门。

【发病规律】

病菌以分生孢子器和子囊壳在病果或病叶上越冬。翌年 3~7 月放出分生孢子或子囊孢子。亦有人认为此菌以菌丝体在病果、病叶上越冬后，至翌年春季再形成子囊壳，然后放出子囊孢子。分生孢子和子囊孢子靠风雨传播到寄主上，即形成初次侵染。分生孢子在 24~28 ℃时经 4 小时即可萌发，子囊孢子在 25 ℃下经 5 小时才能萌发。在 9~40 ℃病菌均可发育，但以 35 ℃最适宜，病菌本身发育虽然要求更高的温度，但侵入的温度常较发育的温度低。7~9 月气温在 15~35 ℃时均能发病，但以 24~28 ℃最适于发病。一般欧亚品系的葡萄较易感病，如龙眼等；美洲品系的葡萄发病较轻。在潮湿和管理不善、树势衰弱的果园，发病较重。

【防治方法】

1. **清洁果园** 秋季要彻底清除病枝、叶、果等，并集中深埋，以减少翌年初的侵染来源。

2. **加强果园管理** 注意排水，雨季谨防园地大量积水而形成高湿的发病环境，及时剪除副梢，改善通风透光条件；增施肥料，增强植株抵抗力。

3. **药剂防治** 葡萄上架前喷洒下列药剂以减少越冬病源：3~5 波美度石硫合剂，或 75% 百菌清可湿性粉剂 800 倍液，或 50% 多菌灵可湿性粉剂 800 倍液，或 70% 甲基硫菌灵可湿性粉剂 1 000 倍液，或 70% 代森锰锌可湿性粉剂 700 倍液。

展叶后果穗形成期开始时，可喷施下列药剂：70% 代森锰锌可湿性粉剂 800 倍液 +70% 甲基硫菌灵可湿性粉剂 600 倍液，或 50% 福美双可湿性粉剂 1 500 倍液 +50% 多菌灵可湿性粉剂 600 倍液，或 50% 混杀硫悬浮剂 500 倍液 +75% 百菌清可湿性粉剂 700~800 倍液。每隔 10~15 天喷 1 次，共喷 3 次，能有效控制葡萄房枯病的发生。

八 葡萄褐斑病

葡萄褐斑病又称斑点病、褐点病、叶斑病，在我国各葡萄产区都有分布。多雨年份和管理粗放的果园，特别是葡萄采收后如果忽视防治，则易引起病害大发生，造成病叶早落，削弱树势，影响产量。

【症状】

褐斑病只在叶片表现症状。最初出现不规则或角状斑点，有

葡萄褐斑病病叶

葡萄褐斑病病枝

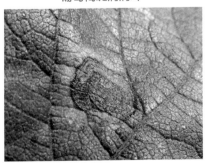

葡萄褐斑病叶片正面病斑

葡萄褐斑病叶片背面病斑

时有弯曲轮廓。斑点直径 3~10 毫米，初期暗褐色，后变为赤褐色。病重时许多病斑融合在一起。叶正面的病斑周缘清楚，但反面的模糊。病叶最初在植株的下部，特别是在荫蔽处的叶片上出现，随后病组织变得黑而脆。有的感病品种如康拜尔早生发生大型圆形病斑，表面呈现不明显的轮纹。

【病原】

葡萄褐斑病病原为葡萄假尾孢菌 *Pseudocercospora vitis*(Lev.) Speg.，属半知菌亚。在生长季节后期，病菌在枯死的叶上转入有性阶段。

【发病规律】

分生孢子附着在植株枝蔓的表面越冬，成为翌年的初侵染源，孢子借风雨传播。在潮湿情况下，孢子萌发并从叶背面的气孔侵入寄主，潜育期约 20 天。在发病期可不断地重复侵染。北方葡萄产区多于 6 月开始发病，7~9 月为发病盛期，天旱时发生较晚。

植株生长中后期降水多时病害流行。不施肥的果园（植株）发病多，营养条件好时植株抗病性较强。

【防治方法】

1. **农业防治**　适当施基肥，使树势生长强健，提高植株抗性，既可减轻病害的发生，又可提高葡萄的产量与质量。

2. **药剂防治**　喷布 1∶0.7∶（200~240）波尔多液可有效地控制病害。北方果园 7~8 月各喷 1 次药。喷药时要着重喷基部叶片。由于病菌是从叶背面气孔侵入，故喷药时要重点喷叶背面。其他药剂可使用 80% 代森锰锌可湿性粉剂 800 倍液，或 53.8% 氢氧化铜悬浮剂 1 200 倍液，或 10% 苯醚甲环唑水分散粒剂 3 000 倍液，或 5% 己唑醇悬浮剂 1 200 倍液，或 50% 异菌脲可湿性粉剂 1 500 倍液，或 50% 氯溴异氰脲酸可溶性粉剂 1 500 倍液，或 50% 苯菌灵可湿性粉剂 1 500 倍液，或 50%嘧菌酯水分散粒剂 6 000 倍液，或 25%吡唑醚菌酯乳油 2 000 倍液，或 12.5%烯唑醇可湿性粉剂 2 500~4 000 倍液，或 24%腈苯唑悬浮剂 3 000 倍液，或 40%腈菌唑水分散粒剂 7 000 倍液，或 25%丙环唑乳油 1 000 倍液，或 25%戊唑醇水乳剂 2 500 倍液，或 1.5%多抗霉素可湿性粉剂 300 倍液等。间隔 10~15 天，连喷 2~3 次，防效显著。

九　葡萄黑腐病

葡萄黑腐病在我国各葡萄产区均有发生，一般为害不重。有时因侵染源较多，环境气候适宜或品种易感病等原因也可引起较大的损失。在我国比较炎热和潮湿的地区发生较重。

【症状】

黑腐病主要为害葡萄果实，尤其是接近成熟的果实受害更大，也可以为害叶片、叶柄、新梢等部位。

1. **果粒**　开始呈现紫褐色小斑点，病斑逐渐扩大，边缘褐色，中间部分为灰白色，稍凹陷。随着果实转熟，病斑可继续扩大至整个果面，病果上布满清晰的小黑粒点，此为病菌的分生孢子器或子囊壳，病果最后变黑软腐，受震动易脱落，病果最后失水干缩成有明显棱角的黑蓝色僵果。

2. **叶片**　病斑多发生在叶缘处，初为红褐色近圆形小斑点，后扩大成边缘为黑色、中间为灰白色或浅褐色的大斑，直径可达3~4厘米。病斑上亦长有许多黑色小粒点，排列成隐约可见的轮环状。

3. **叶柄或新梢**　出现深褐色、长椭圆形稍凹陷的病斑，上面亦产生许多黑色小粒点，新梢生长受阻。

【病原】

葡萄黑腐病病原有性阶段为葡萄球座菌 *Guignardia bidwellii*（Ellis）Viala & Ravaz，属子囊菌亚门。无性阶段为葡萄黑腐茎点霉 *Phoma uvicola* Berk. et Curt.，属半知菌亚门。病菌无性阶段

受害果粒软腐

葡萄黑腐病叶片呈现红褐色小斑点

果梗有深褐色病斑

果粒干缩成黑蓝色僵果

产生黑色球状分生孢子器，在生长季节产生于寄主表面组织。分生孢子器坚实、突出，顶端有开口。在叶片上产生圆形、红褐色坏死斑点，在新梢、卷须、花梗和叶柄上形成椭圆形或细长的褐色至黑褐色溃疡；在果粒上则出现僵果或褐色至黑色的疮痂和溃疡。

【发病规律】

葡萄黑腐病病菌主要以子囊壳在僵果上越冬，也能以分生孢子器在病部越冬。翌年从夏初开始，在气候潮湿情况下，子囊壳中不断产生子囊孢子，为初次侵染来源。子囊孢子萌发需要时间较长，为36~48小时，潜育期为8~25天，病菌在果实上潜育期为8~10天，在蔓及叶片上潜育期为20~21天，潜育期长短与气候条件关系密切，高温时潜育期较短。葡萄发病后可在病部形成分生孢子器，产生分生孢子，并不断进行再侵染。分生孢子生活力很强，分生孢子萌芽需要10~12小时。在7~37℃孢子均可萌发，但以22~24℃最为适宜。

葡萄黑腐病在高温高湿条件下易于发病。华北地区8~9月正是多雨高温的季节，适合该病的流行。一般情况下，从6月下旬至采收期都可以发病，几乎与白腐病同时发生，尤其在近成熟期更易发病。在栽培品种中，欧洲品系葡萄较易感病，美洲品系葡萄较抗病。

【防治方法】

1. **果园卫生**　冬季剪除病穗，清扫落地的病果、病叶等，集中深埋以减少病菌来源。

2. **加强果园管理**　深耕土壤，增施有机肥料，控制结果量，培养树势，增强植株抗病力。生长季节及时摘除副梢，使树冠通风透光良好，以降低果园内湿度，减轻病害发生。

3. **喷药保护**　在开花前、花谢后和果实生长期可结合防治炭疽病、白腐病、霜霉病等，喷布1∶0.7∶200的波尔多液保护果实，并兼防叶片及新梢发病；也可喷布70%甲基硫菌灵1 500倍液，或10%苯醚甲环唑水分散粒剂2 000倍液（粉剂1 000倍液），或20%唑菌胺酯水分散粒剂2 000倍液等，或50%多菌灵可湿性粉剂500~600倍液等。

十　葡萄小褐斑病

葡萄小褐斑病分布于我国各葡萄产区，在多雨年份和不防治的果园可引起树叶早落，进而削弱树势和影响产量。

【症状】

叶表面产生黄绿色小斑点，后逐渐扩大呈圆形，直径2~3毫米。斑点边缘色泽较深，呈暗褐色，中央部位则为茶褐色至灰褐色，病斑部位叶背出现灰黑色霉层，有明显的粉状物，这是分生孢子和孢子梗。病情严重时，许多病斑融合在一起，形成大型斑纹。

葡萄小褐斑病为叶片害状

葡萄小褐斑病叶片病斑融合

【病原】

小褐斑病由座束梗尾孢 *Cercospora roesleri*（Catt.）Sacc. 寄生引起，病菌属半知菌亚门。

【发病规律】

主要以菌丝体，也可以分生孢子附着在植株枝蔓的表面过冬。

翌年夏季产生新的分生孢子。新老分生孢子借助风雨传播，萌发后从叶背面气孔侵入植株。发病期间可不断地重复侵染，8~9月出现一次发病盛期。一般近地面的叶片先发病，逐渐向上蔓延为害。

【防治方法】

做好冬季清园工作，绒球末期使用好铲除剂，以杀灭越冬病原菌；科学施肥，增强葡萄树体的抵抗力。用波尔多液可有效控制病害；使用防治黑痘病、炭疽病的农药亦可兼治本病。

十一 葡萄根霉腐烂病

葡萄根霉腐烂病分布广泛，多发生在潮湿温暖的环境中，是一种重要的贮藏期病害。

【症状】

受侵染的果实变软，没有弹性，继而果肉组织被破坏，果汁从果穗中流出来。在常温条件下，病害发展到中后期，在烂果表面长出粗的白色菌丝体和细小的黑色点状物。在冷库或冷藏车中，菌丝体生长受抑制，孢子囊呈致密的灰色或黑色团，紧紧附着在果实表面。

葡萄根霉腐烂病为害果粒

【病原】

引起本病的病原是黑根霉 *Rhizopus nigricans*，属接合菌亚门。

【发病规律】

黑根霉是一种喜温的弱寄生菌，它很少通过果实无伤的表皮直接侵入，而是通过果实表面的伤口侵入。因此，葡萄园管理和采收、包装操作粗放，容易为病菌提供侵入为害的条件。高温高湿的环境条件特别利于病害的发生和发展。

【防治方法】

参考葡萄青霉腐烂病。

十二　葡萄酸腐病

近几年，葡萄酸腐病在我国已成为葡萄重要的病害。受害严重的果园，损失率在 30%~80%。

【症状】

果粒腐烂后，病果粒初呈水渍状，以后软腐，在其表面产生

葡萄酸腐病果粒初期受害症状

葡萄酸腐病果粒受害处有白色霉层

葡萄酸腐病果粒开裂

葡萄酸腐病果粒开裂和腐烂

一层紧密的白色霉层，后逐渐呈颗粒状，有酸腐的汁液流出，会造成汁液经过的地方（果实、果梗、穗轴等）腐烂；果粒腐烂后干枯。经常是果穗内个别果粒先开始腐烂，烂果粒的果汁流至其他果粒上，迅速引起其他果粒的果皮开裂，进而有病菌或果蝇幼虫生长为害，造成大量的果粒腐烂。

【病原】

醋酸细菌、酵母菌、多种真菌、果蝇幼虫等。

【发病规律】

本病通常是由醋酸细菌、酵母菌、多种真菌、果蝇幼虫等多种微生物混合引起的。实际上，酸腐病不是真正的一次病害，而是属于二次侵入病害。伤口的存在成为真菌和细菌存活和繁殖的初始因素，同时引诱果蝇来产卵。果蝇身体上存在细菌，在爬行、产卵的过程中传播细菌。果蝇属于果蝇属昆虫，是酸腐病的传播媒介。一头雌蝇1天产20粒卵（每头可以产卵400~900粒卵），一粒卵在24小时内就能孵化，蛆3天可以变成新一代成虫；由于繁殖速度快，果蝇对杀虫剂抵抗性非常强，一般1种农药连续施用1~2个月就会产生很强的抗药性。

引起酸腐病的真菌是酵母菌。先有伤口，而后果蝇在伤口处产卵并同时传播醋酸细菌，果蝇卵孵化、幼虫取食同时造成果粒腐烂，之后果蝇呈指数增长，引起病害的流行。品种的混合种植，尤其是不同成熟期的品种混合种植，能增加酸腐病的发生。机械伤（如冰雹、风、蜂、鸟等造成的伤口）或病害（如白粉病、裂果等）造成的伤口容易引来病菌和果蝇，从而造成发病。雨水、喷灌和浇灌等造成空气湿度过大、叶片过密，果穗周围和果穗内的高湿度会加重酸腐病的发生和为害。品种间的发病差异比较大，不同品种对病害的抗性有明显的差异。巨峰受害较为严重，其次为里扎马特、酿酒葡萄（如赤霞珠），无核白（新疆）、白牛奶等。红地球、龙眼、粉红亚都蜜等较抗病。

【防治方法】

1. **加强栽培管理**　发病重的地区选栽抗病品种，尽量避免在同一果园种植不同成熟期的品种。葡萄园要经常检查，发现病粒及时摘除，集中深埋；增加果园的通透性，葡萄的成熟期尽量避免灌溉；合理使用或不要使用激素类药物，避免果皮伤害和裂果和果穗过紧；合理使用肥料，尤其避免过量使用氮肥等。

2. **化学防治**　成熟期的药剂防治是防治酸腐病的重要途径。80%波尔多液粉剂和杀虫剂配合施用。自封穗期开始施用3次80%波尔多液粉剂800倍液，10~15天1次。杀虫剂应选择低毒、低残留、分解快的杀虫剂，可以施用的杀虫剂有40%辛硫磷1 000倍液或90%晶体敌百虫1 000倍液等。

发现酸腐病要立即进行紧急处理：剪除病果粒，用80%波尔多液粉剂800倍液+50%灭蝇胺可溶性粉剂2 500倍液涮病果穗。对于套袋葡萄，处理果穗后套新袋，而后整个果园立即喷1次触杀性杀虫剂。即使这样，也很难保证酸腐病不再发展。发现烂穗或果粒有伤口后，最好是先用80%敌敌畏500倍液喷葡萄行间的地面防治果蝇，然后剪除烂穗或有伤口的穗，用塑料袋收集后带出田外，挖坑深埋。

十三　葡萄青霉腐烂病

青霉腐烂病是葡萄贮运期间一种较常见的病害，密闭的包装箱里一旦出现病果，腐烂便会迅速扩展开来，造成大量烂果，甚至全箱腐烂，为害甚为严重。

【症状】

受害果实组织稍带褐色，逐渐变软腐烂，果梗和果实表面常长出一层相当厚的霉层。霉层开始出现时呈白色，较稀薄，此为病菌的分生孢子梗和分生孢子，当其大量形成时，霉层变为青绿色，较厚实。受害果实均有霉败的气味。

葡萄青霉腐烂病果实变褐色　　　　　葡萄青霉腐烂病为害果粒，造成腐烂

【病原】

青霉腐烂病的病原是青霉属真菌 *Penicillium* spp.，属半知菌丝孢纲。该属有几个不同的种，其中指状青霉 *Penicillium digitatum* Sacc. 是较常见的种。

【发病规律】

病菌弱寄生性，侵染一般起始于因管理粗放、包装过紧或其他原因造成的果实伤口处。病害的扩展主要与湿度有关，在包装箱内高温的条件下，病菌侵入果实后可以很快地定植下来，并扩散到与烂果接触的邻近完好的果实上。

此病的发生还与葡萄不同的种类和产区有关。在生食葡萄和制干葡萄的主产区，温度高时不利于病菌扩展的最适要求，此时该病发生较少；对于冷凉地区的酿酒葡萄品种来说，由于葡萄穗的果粒紧密，偏凉的温度利于病菌的扩展，这种病害发生一般较严重。

【防治方法】

（1）采收后应迅速将果实运送到阴凉处摊开散热，然后进行整修、分级包装。整修时，应将所有病果、虫伤果和机械损伤的果实剪除。

（2）装箱后进行预冷，以消除田间带来的热气和降低呼吸速率，还可以预防果穗梗变干、变褐及果粒变软或落粒，利于延长贮存时间。

（3）贮藏前用二氧化硫熏蒸不但能防治果实表面各种可能引起果腐的病原菌，而且可以降低果实呼吸速率，减少糖分的消耗，并能较长时间保持果色和果穗梗的新鲜状态。

十四 葡萄白粉病

葡萄白粉病在我国各葡萄产区都有发生，以河北、山东、陕西的秦岭北麓等葡萄产区受害较重，广东省及华东地区等偶有发生，为害不大。

【症状】

白粉病可为害叶片、枝梢及果实等部位，但以幼嫩的组织最易感病。

1. 叶片 受害叶在正面产生不规则形大小不等的褪绿色或黄色小斑块。病斑正反面均可见覆有一层白色粉状物，这是病菌的菌丝体、分生孢子梗和分生孢子，严重时白粉状物布满全叶，叶面不平，逐渐卷缩枯萎脱落。有的地区，发病后期在病叶上可见到分散的黑色小粒点，这是病菌有性世代闭囊壳，多数地区不常见。

葡萄白粉病导致叶片卷缩

葡萄白粉病为害叶片，使叶面有白色霉层

2. **新梢、果梗及穗轴**　受
害时，初期表面产生不规则斑
块并覆有白色粉状物，可使穗
轴、果梗变脆，枝梢生长受阻。

3. **幼果**　受害时，果面先
出现褪绿斑块，后出现星芒状
花纹，其上覆盖一层白粉状物，
病果停止生长或变畸形，果肉
味酸；开始着色的果实受害后，

葡萄白粉病为害幼果

除表现相似症状外，在多雨情况下，病果易发生纵向开裂，易受
腐生菌的后继侵染而腐烂。

【病原】

葡萄白粉病是由葡萄钩丝壳菌 *Uncinula necater*（Schw.）
Burr. 寄生引起的。该病原属真菌界子囊菌门，是一种专性寄生菌，
不能人工培养。本菌寄生于葡萄科葡萄属、爬山虎属、白粉藤属、
蛇葡萄属植物。病菌表生半永久有隔膜和透明的菌丝，具有多裂
片的附着胞，它形成突破短桩，突破角皮层和细胞壁后，在表皮
细胞内形成球状吸器。

【发病规律】

白粉病病菌是一种活物营养（专性）寄生菌，在不形成有性
世代的地区，病菌只能以菌丝体在受侵染的枝蔓等组织或芽鳞内
越冬，分生孢子寿命短，不能越冬。越冬后的菌丝，翌年春在温
度回升时，在一定湿度的条件下，产生新的分生孢子，通过气流
的传播与寄主表皮接触，分生孢子萌发后，芽管直接穿透表皮侵
入，在表皮下形成吸器，菌丝体在表皮扩展寄生。形成子囊世代
的地区，病残体上的闭囊壳是主要的越冬器官，其抗逆力很强，

翌年春湿度回升，闭囊壳吸湿后，由于附属丝的拉力，使外壳撕裂而释放出子囊孢子，并通过气流传播进行初侵染。这种情况在我国葡萄产区少见。初侵染发病后形成大量分生孢子，生长季可进行多次的再侵染，潜育期一般为14~15天。各地发生时期的早晚及发病盛期均与此种天气的出现密切相关。广东、湖南、上海等地于5月下旬至6月上旬开始发病，6月中下旬至7月上旬为发病盛期；黄河故道、陕西关中于6月上中旬开始发病，7月中下旬以后达发病高峰；山东、辽南地区于7月上中旬开始发病，7月下旬至8月上旬为发病盛期。

【发病条件】

1. 天气状况　干旱的夏季、闷热的天气会诱发白粉病的大发生，雨水少的干旱地区，设施栽培的葡萄，最有利于白粉病的发生和流行；生长季节干旱的葡萄种植区，有利于白粉病的发生和流行；对于降水中等的葡萄种植区，遇到干旱年份，白粉病的发生和流行概率较大；生长季节降水多的地区，白粉病不常发生和流行。生产中从开始发病到果园普遍发生白粉病，需要40天左右。

2. 栽培管理　白粉病病菌为从表皮直接侵入的表面寄生菌，寄主表皮组织的机械强度与其抗性有密切关系。凡栽培过密，施氮肥过多，修剪、摘副梢不及时，枝梢徒长，通风透光状况不良的果园，植株表皮脆弱，易受白粉病病菌侵染，发病会较重；植株如受干旱影响，表皮细胞压低，也易受白粉病病菌侵染，发病较重。此外，嫩梢、嫩叶、幼果较老熟组织易感病。

3. 种和品种　葡萄不同的种感病程度有很大差异。欧洲种葡萄和亚洲种葡萄如桦叶葡萄、刺葡萄和变叶葡萄高度易感；美洲种葡萄如夏葡萄、冬葡萄、美洲葡萄、河岸葡萄和沙地葡萄较少感病。葡萄育种专家已经把欧洲种葡萄和美洲种葡萄杂交，获得了各种不同程度抗性的杂交种。

【防治方法】

1. **加强栽培管理** 要注意及时摘心绑蔓，剪副梢，使蔓均匀分布于架面上，保持通风透光良好。冬季剪除病梢，清扫病叶、病果，集中销毁。

2. **喷药保护** 病重地区或易感病的品种，要注意喷药保护。一般在葡萄发芽前喷 1 次 3~5 波美度石硫合剂。发芽后喷 0.2~0.3 波美度石硫合剂或 75% 百菌清可湿性粉剂 800 倍液，或 70% 甲基硫菌灵可湿性粉剂 1 000 倍液等。

发病初期，可用下列药剂：40% 氟硅唑乳油 8 000 倍液，或 12.5% 烯唑醇可湿性粉剂 2 000 倍液，或 10% 苯醚甲环唑水分散粒剂 2 000 倍液，或 5% 己唑醇悬浮剂 1 500 倍液，或 43% 戊唑醇悬浮剂 2 500 倍液，或 5% 亚胺唑可湿性粉剂 700 倍液，或 25% 丙环唑乳油 2 000 倍液，或 10% 戊菌唑乳油 3 000 倍液，或 25% 腈菌唑乳油 2 500 倍液，或 50% 嘧菌酯水分散粒剂 6 000 倍液，或 20% 唑菌胺酯水分散粒剂 2 000 倍液，或 40% 环唑醇悬浮剂 8 000 倍液，或 25% 氟喹唑可湿性粉剂 6 000 倍液，或 30% 氟菌溴可湿性粉剂 3 000 倍液，或 6% 氯苯嘧啶醇可湿性粉剂 1 500 倍液等。

十五　　葡萄煤烟病

煤烟病也称霉污病，是葡萄常见的表面滋生性病害，叶及果面均可发生。

【症状】

叶片或果面发病初期，先出现油浸状黏液，阳光下呈明亮点，继而出现少许暗褐色的霉斑，以后逐渐扩大，使叶片和果面布满黑色煤烟状物。被煤烟状物遮盖的叶片，其光合作用受影响，致使植株生长衰弱而造成病菌传染，使果实受害，直接影响商品价值。

葡萄煤烟病病果

【病原】

可由多种煤烟菌所引起。已知至少有包括煤炱菌 *Capnodium* sp.、烟霉菌 *Fumago* sp. 等8种，大多数属子囊菌门真菌（如煤炱菌、新煤炱菌等），少数属半知菌类真菌（如烟霉菌等）。

此病发生的主要原因是葡萄植株上斑衣蜡蝉、介壳虫及蚜虫等刺吸性害虫在葡萄叶、果面上排泄大量分泌物，引起煤炱菌滋生蔓延所致。

【发病规律】

少数种类虽然长在寄主表面，但能伸出吸胞，从寄主表皮组织中吸取养料而繁殖，建立真正的寄生关系，属于表面寄生菌。

多数种类靠刺吸式口器害虫分泌的蜜露而繁殖，同葡萄植株并未建立真正的赖以提供营养的寄生关系，属附生物。任何有利于刺吸式害虫发生的果园，都容易诱发煤烟病。此外，肥水管理不善、疏于修剪、植株生势衰弱的老果园也易诱发煤烟病。

【防治方法】

1. **防治蜜露昆虫**　5~6月及时防治斑衣蜡蝉、介壳虫及蚜虫等。

2. **加强栽培管理**　合理修剪，疏除交叉枝，改善园圃通透性；管好肥水、增强树势以减轻发病。

3. **及时喷药控病**　在煤烟病发生初期，及时喷施1∶1∶200倍石灰等量式波尔多液，或50%氯溴异氰尿酸可溶性粉剂1 500倍液，或30%氧氯化铜悬浮剂600倍液。

十六　葡萄锈病

葡萄锈病多分布在我国夏季高温多湿的南方地区（广东、广西、云南、福建、四川、江苏等），东北、西北、华北葡萄产区很少见。

【症状】

叶背出现黄色小斑点，并形成粉状夏孢子堆。通常叶的大部分或全部布满夏孢子堆，这是本病的最大特点。病部后期变黑褐色，严重时引起落叶，削弱树势，偶然在叶柄、嫩梢和穗轴上也出现夏孢子堆。有些品种，在叶正面和背面夏孢子堆相应的部位呈现褐色坏死斑点。病变主要发生在成熟叶片上。病害发生后期，夏孢子堆附近出现褐色至黑褐色冬孢子堆。

葡萄锈病病叶：叶背有黄色小斑点，形成夏孢子堆

【病原】

葡萄锈病 *Phakopsora ampelopsidis* Diet. et Syd 寄生引起的病菌属真菌界担子菌门，属于复杂生活史的锈菌。日本报道，此菌在清风藤科泡花树 *Meliosma myriantha* 形成性孢子器和锈孢子器。

【侵染途径与发病条件】

冬孢子萌发形成担孢子，侵染泡花树并产生性孢子器和后来的锈孢子器。锈孢子侵染葡萄属，目前只有日本报道过有性孢子器和锈孢子器。

大多数地区只产生夏孢子堆和冬孢子堆；在热带和亚热带地区，夏孢子堆一年四季都可发生；冬孢子堆一般在天气转凉时发生；温带多在晚秋发生；我国台湾早在 7 月也可发现。在热带和亚热带地区，病菌以夏孢子在植株绿色组织上越冬。

葡萄锈病在热带和亚热带地区较温带严重。夏孢子萌发温度为 8~32 ℃，适温为 24 ℃。在适温条件下，孢子经 1 小时即可萌发，5 小时萌芽率达 90%。冬孢子萌发温度为 10~30 ℃，适温为 15~25 ℃，萌芽需要 99% 的空气相对湿度。冬孢子形成担孢子的适温是 15~25 ℃。担孢子萌芽温度为 5~30 ℃，适温为 20~25 ℃，并需要 100% 的空气相对湿度。高温有助于夏孢子的萌发，但光线对萌发不利，所以，晚间高温是病害流行的必要条件。生产上有雨或夜间多露的高温季节利于锈病发生，管理粗放且植株长势差的葡萄产区易发病，山地葡萄较平地发病重。

各品种间对锈病抗性差异大，一般栽培的葡萄品种，欧亚种葡萄较抗病，而欧美杂交种葡萄则较感病。抗性较强的品种有黑潮、红富士、玫瑰香等，中等抗病品种有金玫瑰、新美露、纽约玫瑰、大宝等，中等感病品种有巨峰、白香蕉等，高度感病品种有康拜尔、尼加拉等。

【防治方法】

1. 搞好清园和越冬期防治　秋末和冬季结合修剪，彻底清除病落叶，集中销毁；果园进行翻耕；喷 1 次 3 ～ 5 波美度石硫合剂。

2. 加强管理　定植时施足优质有机茎肥，每年冬前都要补充足量的优质有机肥；果实采收后仍要加强肥水管理，保持植株长势，以增强抗病力；山地果园要保证灌溉设施，防止缺水缺肥；发病初期适当清除、处理老病叶，可减少田间菌源并通风透光，以降低果园湿度。

3. 药剂防治　刚发病时即开始喷药，以后每隔半个月左右喷 1 次。中熟品种采收后注意喷药。因为病菌是从叶背气孔侵染的，所以喷药要注重叶背面。发病初期喷洒 0.2~0.3 波美度石硫合剂或 45% 晶体石硫合剂 300 倍液，20% 三唑酮乳油 1 500~2 000 倍液，20% 三唑酮·硫悬浮剂 1 500 倍液，40% 多·硫悬浮剂 500 倍液，间隔 15~20 天喷 1 次，防治 1 次或 2 次。

十七　葡萄卷叶病

葡萄卷叶病分布于欧洲、美洲，以及南非、澳大利亚和新西兰等国。在我国各葡萄产区发生较普遍，是一种为害较重的病毒病。

【症状】

卷叶病发生于葡萄的所有种和品种。症状随品种、环境和季节而异。春季症状较不明显，病株比健株矮小，萌发迟。在非灌溉区的葡萄园，叶片的症状始见于6月初，而灌溉区延迟至8月。红色品种在基部叶片的叶脉间先出现淡红色斑点，夏季斑点扩大、

葡萄卷叶病症状1（红色品种）

葡萄卷叶病叶面缘下卷　　　　葡萄卷叶病症状2（黄色品种）

葡萄卷叶病病株生长不良

葡萄卷叶病后期病株

融合，致使叶脉间变成淡红色，秋季基部病叶变成暗红色，仅叶脉仍为绿色。白色品种的叶片不变红，只是叶脉间稍有褪绿。病叶除变色外，叶变厚、变脆，叶缘下卷。病株果穗着色浅。如红色品种的病穗色质均不正常，甚至变为黄白色，从内部解剖看，在叶片症状表现前，韧皮部的筛管、伴随细

葡萄卷叶病病株果穗小、着色差（左为健株果穗，右为病株果穗）

胞和韧皮部薄壁细胞均发生堵塞和坏死。叶柄中钙、钾则逐渐增加，而叶片中钙、钾含量下降，淀粉增加。症状因品种而异，少数品种如无核白的症状很轻微，仅在夏季的叶片上出现坏死。坏死位于叶脉间和叶缘。多数砧木品种为潜隐带毒。

【病原】

全世界已报道了 11 种血清学不相关的葡萄卷叶病毒（grapevine leafroll-associated virus，GLRaV），均属于长线病毒科，上述病毒单独或复合侵染都能引起葡萄卷叶病的发生。有研究人员对采集于中国农业科学院果树研究所葡萄品种保存圃中表现典型葡萄卷叶病症状的 58 份葡萄休眠枝条样品进行了检测，共检测到 6 种葡萄卷叶病毒，总检出率为 81.0%。2 种或 3 种葡萄卷叶病毒复合侵染现象比较普遍，占所检样品的 39.6%。

【发病规律】

葡萄卷叶病在果园内传播的报道很少，本病扩散较慢。在美国加利福尼亚州有两株病健相邻的葡萄，经过 40 年，正常株仍无任何异常。在昆虫媒介方面，有试验证明卷叶病与粉蚧的存在有关。有 3 种粉蚧（长尾粉蚧、无花果粉蚧和橘粉蚧）可以传播葡萄卷叶病毒 A，长尾粉蚧可传播葡萄卷叶病毒Ⅲ型。卷叶病毒可通过感染的品种插条做长距离传播，特别是美洲葡萄砧木潜隐带毒。

【防治方法】

无病毒苗木可帮助许多欧亚种红色葡萄品种减轻病害。最好采取下列措施获得无病毒植株：热处理整株葡萄，在 38 ℃下经 3 个月，然后将新梢尖端剪下放于弥雾环境中生根，或茎尖组培、瓶内热处理、微米型嫁接和分生组织培养等。检测卷叶病毒的木本指示植物有品丽株、嘉美、黑皮诺、梅露汁、巴比拉、赤霞珠等。可在温室 22 ℃环境中做绿枝嫁接，嫁接后 4~6 周，叶片变红反卷。田间嫁接要 6~8 个月至 2 年才表现症状。现在已有酶联试剂盒，它有多种血清型可用作快速检测。苗木要经过指示植物或酶联试剂盒检测证明无毒才可以使用。

十八　葡萄扇叶病

葡萄扇叶病又名葡萄退化、葡萄侵染性衰退病，是世界上各葡萄栽培地区普遍发生的一种病毒病。一般果园发病率在 20% 以上。在我国普遍发生，是影响我国葡萄生产的主要病害之一，表现为病株衰弱、寿命短，平均减产达 30%~50%。

【症状】

病毒的不同株系引起寄主产生不同的反应，有 3 种症候群。

1.**传染性变形**　或称扇叶，由变形病毒株系引起。植株矮化或生长衰弱，叶片变形、严重扭曲，有时伴随有斑驳，叶形不对称，呈杯状、皱缩，叶缘锯齿尖锐。新梢也变形，表现为不正常分枝、双芽、节间长短不等或极短、带化或弯曲等。果穗少，穗型小，成熟期不整齐，果粒小，坐果不良。叶片在早春即表现症状，并持续到生长季节结束。夏天症状稍退。

2.**黄化**　由产生色素的病毒株系引起。病株在早春呈现铬黄色褪色，病毒侵染植株全部生长部分，包括叶片、新梢、卷须、花序等。叶片色泽改变，出现一些散生的斑点、环斑、条斑等。斑驳跨过叶脉或限于叶脉，严重时全叶黄化。在郑州，5 月即可见到全株黄化的情况。春天远看葡萄园，可见到点点黄化的病株。叶片和枝梢变形不明显，果穗和果粒多且较正常小。在炎热的夏天，刚生长的幼嫩部分保持正常的绿色，而在老的黄色病部却变为稍带白色或趋向于褪色。

3.**镶脉或称脉带**　传统认为这是产生色素的病毒株系引起

葡萄扇叶病病株

葡萄扇叶病叶片呈铬黄、褪色

葡萄扇叶病果穗结果少

的，可能有不同的病因。

【病原】

葡萄扇叶病病毒 grapevine fan leaf virus 属线虫传多角体病毒组，通过机械传染。病毒颗粒同轴，直径 30 纳米，具角状外貌。

扇叶病病毒极易通过汁液传播，病毒可侵染胚乳，但不能侵染胚，故葡萄种子不能传播，但试验草本寄主可由种子传播。

病毒的自然寄主只限于葡萄属。扇叶病病毒寄主范围很广，可侵染欧亚种葡萄、河岸葡萄、沙地葡萄及北美种葡萄等几乎所有的葡萄品种。

【发病规律】

在同一葡萄园内或邻近葡萄园之间的病毒传播，主要以线虫为媒介。有两种线虫可传播，即标准剑线虫和意大利剑线虫，尤以标准剑线虫为主。这种线虫的自然寄主较少，只有无花果、桑树和月季花，而这些寄主对扇叶病病毒都是免疫的，不表现症状。扇叶病病毒存留于自生的植物体和活的残根上，这些带毒株构成重要的侵染源。长距离的传播，主要是通过感染插条和砧木的转运。

【防治方法】

1. **增强树体的抗病性**　采取合理修剪、负载，施足腐熟的有机肥，合理水肥管理，可增强植株耐病力。

2. **选用无毒苗木、接穗及砧木**　在建立新葡萄园时，用无病毒苗木结合热处理是有效的防治措施。热处理脱毒是根据病毒和寄主细胞对高温耐受程度的差异而采用适当的温度和处理时间，使寄主体内的病毒浓度降低或失活的一种方法；由于寄主细胞生长快速，最终导致寄主生长点附近的细胞不含病毒，从而达到脱毒的目的。该方法对葡萄扇叶病毒有很好的处理效果，具体步骤如下：将待处理的接穗在萌发前嫁接在盆栽的砧木上，当长出3~5片叶时放在 37 ℃左右的恒温箱内处理 1~3 个月，然后切取1.5~2.0厘米的嫩梢嫁接到砧木上，嫁接成活后移入田间正常管理。若在二氧化碳浓度高的条件下进行热处理，更容易从休眠芽中除去此病毒。

3. **土壤熏蒸**　对有线虫传播病毒的地区，种植前要进行土壤熏蒸处理，以减少媒介线虫的虫口量、降低发病率。如果不进行熏蒸，线虫可以在葡萄根部碎片中存活 6 年以上。使用消毒剂二溴氯丙烷、1，3- 二氯丙烷或溴甲烷，也可用杀线虫剂——棉隆，杀灭土壤线虫。

4.茎尖培养　茎尖培养脱毒的依据是在感染植株上病毒的分布不均匀，幼嫩组织部位含量较低，生长点为 0.1~1.0 毫米，含病毒很少甚至基本无病毒感染。因此，利用植物组织培养技术切取微茎尖进行培养即可达到脱毒的目的。茎尖越小，病毒去除得越彻底，但培养成活率会越低。茎尖培养时一般控制在 0.3~0.4 毫米，将热处理与茎尖培养结合进行脱毒，效果会更好。另外，在茎尖培养和原生质体培养的培养基中加入抗病毒醚能有效地抑制扇叶病毒复制。

十九　葡萄水罐子病

葡萄水罐子病也称转色病，在东北地区称为水红粒。它是葡萄上常见的生理性病害，在玫瑰香等品种上发病尤为严重。

【症状】

水罐子病主要表现在果粒上，一般在果粒着色后才表现症状。发病后有色品种明显表现出着色不正常，色泽淡；而白色品种表现为果粒呈水泡状，病果糖度降低，味酸，果肉变软，果肉与果皮极易分离，成为一包酸水。用手轻捏，水滴成串溢出，故有"水罐子"之称。发病后果柄与果粒易产生离层，极易脱落。

葡萄水罐子病果粒呈水泡

【发病规律】

本病主要是由于葡萄营养不足和生理性失调而引起的。一般在树势弱、摘心重、负载量过多、肥料不足和有效叶面积小时，该病害容易发生；地下水位高或成熟期遇降水，尤其是高温后遇降水，田间湿度大时，此病尤为严重。

棚架葡萄枝梢超过架面下垂时，茎蔓弯曲、输送营养受阻，果穗易患转色病。果粒膨大期干旱，果枝与穗轴受损，果皮增厚微皱，果粒酸而不甜，果皮似牛皮，风味大减。氮肥与水分过多，全树贪青生长，早熟品种不早熟，中晚熟品种至秋季不着色，果粒虽不皱缩，但始终不着色，味酸而不甜。冬季埋土不达标准的茎蔓内部组织因冻害而受损，春季伤流期较重，结果后输送营养不畅通，易引发转色病。

【防治方法】

1. **加强土、肥、水的管理**　增施有机肥料和根外喷施磷、钾肥，适时适量施用氮肥，及时除草，勤松土。

2. **控制负载量**　合理控制单株果实负载量，增加叶果比。

3. **主副梢处理**　主梢叶片是一次果所需养分的主要来源，尤其是在留二次果的情况下，二次果常与一次果争夺养分，由于养分不足常常导致水罐子病发生。因此，在发病植株上主梢多留叶片就显得更为重要。一般主梢应尽量多保留叶片，并适当保留副梢叶片，这对保证果穗生长的营养供给有决定性作用。另外，一个果枝上留两个果穗时，其下部果穗发生转色病概率较大，在这种情况下，采用适当疏穗，一枝留一穗的办法可减少病害的发生。

4. **更新主茎**　患转色病的枝条，主蔓为瘪茎，结果枝大部分为瘪条，因此需更新主茎。冬剪时要仔细观察从何处剪掉瘪茎，接枝最少要有 3~4 节充分木质化的成熟段。对绑缚创伤肿瘤枝，应立即剪掉，重新选留枝蔓。多年老茎蔓较粗，不利于下架埋土防寒，因茎粗弓得太高，埋土费力，如强迫压低易造成纵裂或折伤，应依据树势不断更新主茎，每隔几年更新一次。

二十　葡萄缺镁症

葡萄缺镁症主要发生在葡萄果实成长成熟期，这是葡萄园最常见的一种缺素症。

【症状】

从植株基部的老叶开始表现症状，最初老叶的脉间褪绿，继而脉间发展成带状黄化斑点，多从叶片的内部向叶缘发展，逐渐黄化，最后叶肉组织黄褐坏死，仅剩下叶脉保持绿色。因此，黄褐坏死的叶肉与绿色的叶脉界限分明。缺镁症一般在生长季节初期表现不明显，从果实膨大期才开始显示症状并逐渐加重，尤其是坐果量过大的植株，果实尚未成熟便出现大量黄叶，病叶一般不早落。缺镁不明显影响果粒大小和产量，但浆果着色差，成熟期推迟，糖分降低。

葡萄缺镁症叶脉间严重失绿的植株

葡萄缺镁症叶脉间失绿

【发病规律】

土壤中有机肥质量差、数量少，肥源主要靠化学肥料，易导致土壤中镁元素供应不足。此外，酸性土壤中镁元素较易流失。另外，钾肥施用过多，或大量施用硝酸钠及生石灰的果园，也常发生缺镁症，尤其在夏季大雨后，表现特别显著。

【防治方法】

（1）每年落叶后开沟增施优质有机肥，缺镁严重的葡萄园应适当减少钾肥用量。

（2）在葡萄开始出现缺镁症时，叶面喷施 3%~4% 硫酸镁，每隔 20~30 天喷施 1 次，共喷施 3~4 次，可减轻病症。

（3）对缺镁严重的土壤，应考虑和有机肥混施硫酸镁，每亩100 千克；也可开沟施入硫酸镁，每株 0.9~1.5 千克，连施二年；也可把 40~50 克硫酸镁溶于水中，注射到树干中。

（4）采用配方施肥技术，较合理地解决氮、磷、钾和镁肥不同需矛盾，做到科学用肥，减缓缺镁症发生。

二十一　葡萄缺铁黄叶症

因缺铁诱发的生理性病害称为缺铁症。葡萄缺铁黄叶症主要发生在北方偏碱性土壤栽培区。

【症状】

叶的症状最初出现在迅速展开的幼叶，叶脉间黄化，叶呈青黄色，具绿色脉网，有很少的叶脉。缺铁严重时，更多的叶面变黄，最后呈象牙色，甚至白色。叶片严重褪绿部位常变为褐色和坏死。严重受影响的新梢，生长减少，花穗和穗轴变浅黄色。坐果不良。当葡萄植株从暂时缺铁状态恢复为正常时，新梢亦转为绿色。较早失绿的老叶，色泽恢复比较缓慢。

葡萄缺铁黄叶症：叶片变黄，叶脉残绿

葡萄缺铁黄叶症：叶呈青黄色

【发病规律】

在植物体内铁能促进多种酶的活性，土壤中铁元素缺乏时，会影响植物体的生长发育和叶绿素的形成，造成缺铁性黄叶病。

土壤中可被吸收的铁的含量不足，原因是多方面的，主要的原因是土壤的 pH 值过高，土壤溶液呈碱性反应，以氧化过程为主,从而土壤中的铁离子(Fe^{2+})沉淀、固定,不能被根系吸收而导致缺乏;土壤条件不佳,如土壤黏重、排水不良,春天地温较低又持续时间较长,均能影响葡萄根系对铁元素的吸收;树龄过大、树体老化、结果量多亦可影响根系对铁元素的吸收,从而引起发病。因铁元素在植物体内不可转移,所以缺铁症首先表现在新梢的幼嫩部分。

排水不良和冷凉的土壤较多出现缺铁症。春天冷凉、潮湿天气,常遇到大量缺铁问题,晚春热流期间新梢快速生长也可诱发缺铁。

【防治方法】

(1)增施有机肥。有机质分解产物对铁有络合作用,可增加铁的溶解度。对缺铁严重的果园,可将铁肥与有机肥混合使用,以减少土壤对铁的固定。

(2)适当减少磷肥和硝态氮肥的施用,增施钾肥,可促进铁元素的吸收。尽量避免长期使用铜制剂农药。

(3)叶片上发现褪绿症时,应立刻喷布0.3%~0.5%硫酸亚铁溶液,在早春或秋季休眠期用5%硫酸亚铁溶液喷洒枝蔓,为了增强葡萄叶片对铁的吸收,喷施硫酸亚铁时可加入少量食醋和0.3%尿素液,对促进叶片对铁的吸收、利用和转绿有良好的作用。若在硫酸亚铁溶液中加入0.15%柠檬酸溶液,可预防Fe^{2+}转化成Fe^{3+}而不易被吸收。也可以喷施一些含螯合铁的微肥。

(4)对洼地、黏重地应注意及时排水。葡萄建园时尽量避免选择含钙较高的土地。

二十二　葡萄缺钾症

　　葡萄缺钾症是葡萄最常见的营养失调症。葡萄需要较多的钾，总量接近氮的需要量。植物合成糖类、蛋白质时需要钾。钾能促进细胞分裂，促进某些酶的活性并协助调节水分平衡。

【症状】

　　在生长季节缺钾初期，叶色变浅，幼嫩叶片的边缘出现坏死斑点。在干旱条件下，坏死斑分散在叶脉间组织上，叶缘变干，往上卷或往下卷，叶肉扭曲、表面不平。夏末新梢基部直接受光照的老叶，变成紫褐色或暗褐色，先从叶脉间开始，逐渐覆盖全叶的正面。特别是果穗过多的植株和靠近果穗的叶片，变褐现象尤为明显。因着色期成熟的果粒成为钾的汇集点，所以其他器官缺钾表现更为突出。严重缺钾的植株，果穗少而小，穗粒紧，色泽不均匀，果粒小。无核白品种可见到果穗下部萎蔫，采收时果粒变成干果粒或不成熟。

从植株下部叶片叶缘失绿变黄

叶缘失绿变黄，坏死点分散叶脉之间

【发生规律】

在黏质土、酸质土及缺乏有机质的瘠薄土壤上植株易表现出缺钾症。果实负载量大的植株和靠近果穗的叶片表现尤重。果实始熟期，钾多向果穗集中，因而其他器官缺钾更为突出。轻度缺钾的土壤，施氮肥后可刺激果树生长，需钾量大增，更易表现出缺钾症。

【防治方法】

（1）增施有机肥，如土肥或草秸。

（2）果园缺钾时，于 6~7 月可叶面喷 50 倍草木灰水溶液，或 52% 硫酸钾 500 倍液或磷酸二氢钾 300 倍液，树体内钾素含量增高很快，叶片和果实都可能恢复至正常。根部施肥，每株施草木灰 0.5 千克或 52% 硫酸钾 80~100 克。

（3）控制结果量，避免偏施氮肥。

二十三 葡萄除草剂药害

2，4- 滴丁酯除草剂是一种激素型、选择内吸式除草剂，挥发性强。在空气中可飘移很远。因其成本低，除草效果好，近年来在玉米、小麦等作物上应用量大。喷药后若气压低，空气相对湿度大，常导致邻近葡萄园在新梢生长期产生药害。

【症状】

葡萄接触药后很快出现症状，主要表现为叶片向正面纵卷，叶片的尖端、边缘及中间产生不规则的斑枯，严重者整个叶片干枯，幼嫩部分症状较重。萌芽早的症状略显轻些，萌芽晚的重些。从受害品种来看，欧亚种较重，欧美杂交种相对较轻。贝达和山葡萄系列品种受害较重；京亚叶片卷曲程度比巨峰严重；梅鹿辄、赤霞珠等酿酒葡萄品种和红地球、白鸡心等鲜食葡萄品种受害较重，叶片出现严重干枯。随后，植株新梢出现严重扭曲，叶片出现扇叶变形、叶脉发黄等症状，花序出现硬化、畸形、褪色、变红等症状。受害 1 个月左右，药害症状出现明显好转，植株开始恢复生长。叶片新梢、花序明显发黄，生长势明显减弱。先期症状严重的京亚品种，在恢复长势和坐果方面好于巨峰品种；酿酒葡萄赤霞珠、梅鹿辄等品种恢复较快。

巨峰和山葡萄系列品种坐果不好，大小粒严重，坐果率低，有的整个花序脱落；红地球、白鸡心等欧亚种鲜食葡萄受害后坐果差。受害植株中后期表现为果实成熟期推迟，糖度下降，裂果严重。葡萄采后不耐贮，腐烂严重。因此，受 2，4- 滴丁酯除草

叶片小而黄

叶片变形

剂药害的葡萄不能长期贮藏；受药害的植株，在翌年防寒、萌芽发枝、结果等方面都受到一定的影响。

枝梢黄化衰弱

【补救办法】

1. 划定保护范围　通过宣传或行政措施，在葡萄园一定范围（如 500 米）内禁止使用 2，4- 滴丁酯和含 2，4- 滴丁酯除草剂。

2. 加强肥水管理　对受害植株及时灌水，适时施肥，疏松栽植沟土壤，以提高地温，促进根系和新梢快速生长，尽快降低植株上的药残浓度，增强树体抵抗力，减轻药害症状。

3. 加强夏季修剪，控制植株果实负载量　受害的植株，老叶片基本丧失功能，因此主梢要适当晚摘心，尽量多留 2~3 片叶，并对顶端萌发的副梢多留 2~3 片摘心，以增加树体光合能力。对受害植株要严格控制果实负载量，受害较轻的植株要按原定产量的 50% 确定负载量，受害较重的要将果穗全部疏掉。控制果实负载量以减轻植株负担，尽快恢复植株正常生长，更好地为来年贮备营养。

4.**喷施叶面肥** 对受害植株及时喷施叶面肥，以增加树体的抵抗力，并使其尽快恢复生长。叶面肥可每隔 2~3 天喷施 1 次，连续喷施。

5.**果穗整形、套袋** 通过果穗整形、套袋，结合控产，可以提高果实品质和商品性，提高市场销售价格，做到灾后减产少减收。

6.**晚散土、晚上架** 为了防止药害再次发生，葡萄园采取晚散土、晚上架的措施，避开玉米田除草剂的施药期上架。因为上架较晚，植株已经萌芽，对已萌芽的植株要选择下午 2 时以后上架，防止幼嫩的枝芽遭受日灼和风灼为害。

7.**科学规划、集中连片** 新建设的葡萄园要统一科学规划，做到集中连片，园地外围要设置防护林等隔离带，以最大限度地抵御药害。

二十四　葡萄二氧化硫药害

在葡萄贮运中，灰霉病引起的腐烂常造成严重损失，国内外普遍采用二氧化硫熏蒸处理来防治病害。未经二氧化硫熏蒸处理的葡萄，即使放在 0 ℃的贮藏条件下，也会在几周内遭受真菌侵染而腐烂。目前还没有一种防腐保鲜剂能完全代替二氧化硫制剂在葡萄上的应用。在二氧化硫使用过程中，高剂量的二氧化硫会引起葡萄发生漂白伤害，使葡萄风味变差，商品价值下降。

红地球葡萄是目前极耐贮藏和运输的葡萄品种。但是，该品种对二氧化硫比较敏感，因此，生产中如果盲目地效仿巨峰、龙眼、玫瑰香等葡萄品种所选用的保鲜剂及贮藏技术，易造成贮藏失败。

【症状】

二氧化硫的伤害主要表现在葡萄果梗和果皮上，通常漂白损

果梗连接处的果皮漂白（1）

果梗连接处的果皮漂白（2）

果梗连接处失水，萎蔫（1）　　　　　　　果梗连接处失水，萎蔫（2）

伤首先发生在果梗基端，浆果与果梗连接处及浆果的损伤处，常会引起果梗失水、萎蔫，浆果受害轻者表现为漂白，形成下陷漂白点；重者致葡萄组织结构受损，果粒带刺鼻气味，损伤处凹陷变褐，果实风味不好。

【病因】

二氧化硫是一种无色、有刺激性的有毒气体，相对密度为空气的 2.3 倍，易溶于水生成亚硫酸。二氧化硫是一种强还原剂，可减少植物组织中氧的含量，抑制氧化酶和微生物的活性，从而阻止食品腐败变质、变色及维生素 C 的损耗；同时，二氧化硫对灰霉葡萄孢 B.Cinerea 和交链孢 Alternaria spp. 的孢子及营养组织具有很强的毒力。

【发病规律】

有研究结果表明，各品种葡萄对二氧化硫的敏感性不同，在常温（23 ℃）及低温（0 ℃）下，大小顺序依次为：瑞必尔＞红宝石＞红地球＞牛奶＞巨峰＞玫瑰香＞龙眼＞秋黑；根据分析结果及对二氧化硫敏感性的差异，可将供试品种分为四个类型：以瑞必尔、红宝石、红地球为代表的品种为二氧化硫敏感型；以牛奶为代表的品种为二氧化硫中度敏感型；以巨峰、玫瑰香为代表的为二氧化硫较耐受型；龙眼、秋黑为代表的品种为二氧化硫耐受型。经二氧化硫熏蒸处理后，葡萄各部位二氧化硫残留量有较大差异，果梗、穗轴最高，果刷次之，果皮较低，果肉最低，说明二氧化硫进入葡萄内部主要通过穗轴、果梗和果皮这几个途径；在伤害阈值下，对二氧化硫敏感的葡萄，果皮与果梗中二氧化硫残留量之比明显大于耐二氧化硫的葡萄，说明葡萄耐二氧化硫机制与果皮吸收二氧化硫的能力有关。温度、二氧化硫熏蒸浓度及熏蒸时间与葡萄果皮漂白指数之间有较大关系。对二氧化硫较敏感的葡萄（瑞必尔、红宝石、红地球、牛奶），熏蒸浓度和时间对漂白指数有极显著的影响，对于耐二氧化硫的葡萄（龙眼、秋黑），熏蒸时间的影响却不显著，这说明二氧化硫熏蒸浓度和熏蒸时间对葡萄的二氧化硫伤害有着不同的影响，随着对二氧化硫耐受性的增加，熏蒸时间对葡萄的影响越来越小。

【防治方法】

1. 采前技术　施氮肥不能过多。红地球葡萄适宜于干旱和半干旱的气候条件，因此在采前 10~15 天要停止灌水；如果采前遇降水，则应延迟采收。不将成熟不良或采前灌水的葡萄用于贮藏。

2. 采收及采后处理　用于贮藏的葡萄应选择在早晨露水干后采收，采收前对果穗喷布液体保鲜剂，干后采收。或者采收后直接用液体保鲜剂浸果，会得到更好的贮藏效果。采收后的葡萄立即剪去病、青、小、机械伤的果粒，轻轻地摆放在内衬 PVC 或 PE 葡萄专用保鲜袋的箱内预冷。葡萄从采收到预冷以 12 小时为宜，速度越快越好。

3. 减少人为碰伤　一旦果皮破伤或果粒与果蒂间有肉眼看不见的轻微伤痕，都会导致二氧化硫伤害，从而出现果粒局部漂白现象。另外，挤压伤也会引起褐变，压伤部位呈暗灰色或黑色，并因吸收二氧化硫而被漂白。

4.库房消毒及降温 为了防止葡萄入贮后的再次污染，必须在葡萄入贮前用高效库房消毒剂对库房进行彻底消毒杀菌。贮藏冷库，可采用微型节能冷库。这种冷库具有降温快、温度稳定且库内温度分布较均匀的特点，适合于中国农村自产自贮的需要。库温应在入贮前 2 天降至 –2 ℃。

5.保鲜材料 用于红地球葡萄贮藏的保鲜包装箱应以装量 4 千克、放 1 层果为宜。用于葡萄贮藏的保鲜袋具有两种作用：一是保持贮藏环境具有一定的湿度，减少葡萄水分损耗，防止干枯和脱粒；二是保持贮藏环境具有适宜的气体成分，抑制果实的代谢活动和微生物的活动，保持果实原有的品质和果梗的鲜绿。

6.快速预冷与贮藏 葡萄运至冷库后打开袋口，在 –1~–2 ℃条件下进行预冷，使葡萄的温度尽快下降。当温度下降到 0 ℃时，将保鲜剂放入袋内，然后扎紧袋口并在 –0.5 ℃ ±0.5 ℃条件下进行长期贮藏。对二氧化硫较敏感的品种如粉红葡萄、里查马特、无核白、红地球、皇帝等，要通过增加预冷时间、降低贮藏温度、控制药剂用量和包装膜扎眼数量等措施预防；或者使用复合保鲜剂，适当减少二氧化硫释放量。红地球品种宜选用 CT 复合型保鲜剂。

7.贮藏期间的管理 在贮藏过程中应保持库温 – 0.5 ℃ ±0.5 ℃，并保持库温的稳定。通风有利于红地球葡萄的贮藏。通风时要注意时间的选择，应选择库内外温差较小时通风，防止库温波动大。当外界空气湿度大如下雨或雾天，不宜通风；另外，在贮藏过程中要经常检查葡萄的贮藏情况，但最好不要开袋检查。

二十五　葡萄落花落果

葡萄在开花前1周左右，花蕾大量脱落，花后子房又大量脱落，落花落果率达80%以上，造成果粒稀少，此称为落花落果。葡萄的落花落果是指由于树体内部原因引起的生理性落花落果，不包括由于病虫害和大风刮落的落花落果。葡萄的落花落果与其他果树一样，是机体内部的一种生理失调现象；如果发生较轻，不影响产量；如果发生较重，着果率很低，引起较大减产。

【病因】

内部原因主要有树体内养分失调、花器发育不全、含氮量过高、修剪不合理、缺硼、胚珠发育不完全、扬花发育不完全、授粉和受精过程不完全等。外部原因有低温、降水、日照不足、高

葡萄落花落果（1）

葡萄落花落果（2）

温干旱、氮肥过高发生徒长、药剂损害柱头不能受精、病菌感染等。

1.品种特性　如巨峰品种在遗传上有胚珠发育不完全的特性，胚珠异常率高达48%，且其花丝向背面反卷，不利于授粉。有的品种是雌花结构有缺陷，有的是雄蕊退化，雌能花品种授粉树配置不合理，都会造成落花落果。

2.树体贮存营养不足　葡萄的生长前期树体贮存营养不足，使得不完全花期增多，胚珠发育不良，花粉发芽率低，造成落果。由于葡萄的花量大，对水分和养分的消耗量也非常大，在葡萄花期缺少微量元素尤其是钾、磷、硼等元素时，花的受精能力会下降，导致落花落果。

3.栽培管理措施不当　施肥不合理，花前氮肥用量过多，花期过量灌水，整形修剪、新梢引缚、摘心、整穗等技术措施实施不当，花期营养生长和生殖生长矛盾加剧，导致落花落果。花期喷药会烧伤柱头，影响受精，导致落果。

4. **气象因素**　葡萄花期最适温度为 20~25 ℃，若开花前气温低于 10 ℃，影响花芽的正常分化；花期气温低于 14 ℃，花器发育不良而脱落；花期气温超过 35 ℃，易造成花器萎蔫坏死。日照不足，开花前持续寡照使新梢同化作用降低，花期果穗养分供应不足而落花落果。

【**防治方法**】

1. **选择优良品种**　选择花器发育较健全的抗病葡萄品种，雌能花品种要合理配置授粉树。

2. **补充树体营养**　葡萄的养分供给大部分都在生长前期完成，补充养分的最佳时期是在采收后至防寒前，一般早中熟葡萄采收后、晚熟葡萄采收前施入，最晚在 10 月上旬。以人粪尿、畜禽粪、堆肥、厩肥为主，以氮肥全部用量的 2/3 和磷肥、钾肥全部用量的 1/2 作为基肥一并施入。

3. **合理施用氮肥**　导致落花落果的树体内部条件是开花时新梢中的水溶性氮素含量高，碳水化合物含量低，从而诱发新梢旺盛生长。因此，应合理施用氮肥，开花前（尽量）不施氮肥，但早施基肥。葡萄喜肥水，要求多施有机肥，增强树势，但有些品种如巨峰对氮非常敏感，一旦氮肥过多，特别是花前大量追氮，易导致梢蔓旺长，引发落花落果。所以开花前不施氮肥，待幼果坐定后和秋季采收后再施氮肥；春季的追肥要在发芽前及早施入。因此，追肥要抓住萌芽前、生理落果结束、浆果着色期 3 个关键时期。前两次以氮、磷、钾为主，第三次以磷、钾肥为主。为防止萌芽后结果枝旺长，在基肥充足的条件下可免施萌芽肥。花前 3~5 天至花期控制灌水，花期应避免干旱或灌大水，否则易引起落花落果。花后更要合理灌水。

4. **叶面喷硼**　硼能促进花粉萌发和花粉管的伸长，利于授粉的完成，并可使花冠正常脱落，从而提高坐果率。在花蕾期、初花期、盛花期各喷 1 次 0.3% 硼酸溶液，如加喷 0.3% 磷酸二氢钾效果则更好。但为了防止药害，可在硼酸中加入相同重量的生石灰。对于严重缺硼的，可在早春葡萄发芽前以 1 千克硼砂与 25 千克细土拌匀施于植株周围。

5. 科学修剪　　修剪量不合理会引起枝梢的过旺或过弱，这也是造成落花落果的原因之一。要科学疏花疏果，合理留枝和留果，合理负载，保持稳定的树势。本着强枝轻剪，弱枝重剪，缓和强势，扶住弱势，保持中庸的原则，可有效防止落花落果。

二十六　葡萄裂果

鲜食葡萄是目前我国果树栽培中的重要树种，在葡萄采收前常发生裂果现象，尤其在果实成熟后期的多雨年份更为严重。裂果不但影响果实的外观，而且会导致外源微生物的侵染，发生腐烂，严重降低了果实的商品价值。

【症状】

1. **触裂果**　原因是早期果粒密接，生成木栓龟裂，随着果实发育，由于果皮和根部大量吸水产生粒内膨压，而在果粒相互接触的龟裂部分产生裂果。

2. **自裂果**　裂果部位不在果粒相互接触部位，而在果皮强度

葡萄裂果

较弱的果顶或果蒂附近；大量吸水更易促其裂果。有时着果多，裂果也多。

【病因】

1. **果皮组织**　主要是果皮强度随着果实成熟度的增加而减弱。

2. **外界条件**　与栽培条件、气候变化等引起果粒内膨压增大有关。其中，土壤对裂果的影响最大，板结的土壤、排水差的易旱易涝的黏质土壤发生裂果较多。经过移栽和发生过日灼的树，裂果较多。

3. **结果量**　结果过多，容易发生裂果。

4. **降水量**　雨季，着色期干湿变化大时，容易发生裂果；着色不良的年份，发生裂果尤多。

5. **木栓部位裂果**　主要是果穗周围空间太小，在风力作用下，果粒与枝叶摩擦形成木栓，局部组织变脆弱，随果实的膨大，在木栓部位裂口。

【防治方法】

1. **使土壤保持一定的含水量**　在果实生长前期和中期，注意多喷水或灌水，使土壤保持一定含水量（60%左右）。干旱时期，尤其是雨季过后的干燥期，要及时灌水，次表皮细胞壁和果梗的皮孔会明显发达，可提高引起裂果的临界膨压。

2. **葡萄园覆盖地膜**　可防止根系积聚过多雨水，抑制地表水分蒸发，减少土壤水分变化。干旱时，覆盖地膜与灌水结合能有效防止葡萄裂果。覆盖地膜一方面能防止降水后根系暂时吸水过多；另一方面能抑制土壤水分蒸发，减少土壤水分变化，保持水分均衡。

3. **改善栽培管理**　在加强栽培管理、保证树体健壮的情况下，应加强夏剪，使果穗分布合理，不与枝叶摩擦。同时，为着色创造良好的条件。中耕既可消灭杂草、减少病虫害的发生，同时又可疏松土壤，具有旱能提墒、涝能晾墒、调节土壤含水量的作用。一般 10~15 天中耕 1 次，降水后应及时中耕以散墒。

4. 改善土壤结构，减少土壤水分变化　要通过明渠，尽力把排水工作搞好；同时耕翻及施有机肥等以增加土壤的通透性，以减少土壤的水分变化。施入氮肥要适量，增施磷、钾肥，多施有机肥，黏重的土壤还应增加钙肥的施用量。

5. 调节结果量　葡萄着色不良的树，发生裂果较多，因此要通过疏穗、疏粒、掐穗尖，调整好结果量，减少裂果。改变传统的摘心法，多留叶片。果穗以上副梢全部留 2 片叶摘心，去掉副梢叶腋间的所有冬芽、夏芽，达到每果枝正常叶片 25~26 片及以上，增强树体调节水分的功能。

6. 架面设遮雨棚，或果穗套袋防雨水　葡萄果面直接吸收雨水，或从根部吸收水分以后，果实产生膨压，易导致裂果。研究表明，果实近成熟期对果穗进行套袋以防止果皮吸水，可以明显降低果穗裂果率。因此，雨天采取遮雨措施能有效地减少裂果。

第二部分　葡萄害虫

一 葡萄透翅蛾

葡萄透翅蛾 *Paranthrene regalis* Butler，又称葡萄透羽蛾、葡萄钻心虫，属鳞翅目透翅蛾科。

【分布与寄主】

分布在山东、河南、河北、陕西、内蒙古、吉林、四川、贵州、江苏、浙江等省（区）。寄主主要是葡萄。

害葡萄新梢呈折断状

新梢呈折断枯萎状

葡萄枝蔓肿胀

葡萄透翅蛾从葡萄新梢蛀入处排出虫粪

葡萄透翅低龄幼虫蛀害葡萄新梢

葡萄透翅蛾成虫

【为害状】

幼虫蛀食葡萄枝蔓。髓部被蛀食后，被害部肿大，叶片发黄，果实脱落，被蛀食的茎蔓容易折断枯死。蛀枝口外常有呈条状的黏性虫粪。

葡萄透翅蛾在蛀枝的羽化孔

【形态特征】

1. **成虫**　体长 18~20 毫米，翅展 34 毫米左右。全体黑褐色。头的前部及颈部黄色。触角紫黑色。后胸两侧黄色。前翅赤褐色，前缘及翅脉黑色。后翅透明。腹部有 3 条黄色横带，以第 4 节的 1 条最宽，第 6 节的次之，第 5 节的最细。雄蛾腹部末端左、右各有长毛丛 1 束。

2. **卵**　椭圆形，略扁平。紫褐色。长约 1.1 毫米。幼虫共 5 龄。

3. **幼虫**　老熟幼虫体长 38 毫米左右，全体略呈圆筒形。头部红褐色，胸腹部黄白色，老熟时带紫红色。前胸背板有倒"八"字形纹，前面色淡。

4. **蛹**　体长 18 毫米左右，红褐色。圆筒形。腹部第 2~6 节背面有刺2行，第7、第8节背面有刺1行，末节腹面有刺1列。

【发生规律】

各地均1年发生1代，以7~8月为害最重，10月以幼虫在葡萄枝蔓中越冬。翌年春季，越冬幼虫在被害处的内侧咬一圆形羽化孔，然后在蛹室作茧化蛹。各地出蛾期先后不一。在贵州的花溪和息烽葡萄透翅蛾的始蛹期、始蛾期都分别与葡萄抽芽、开花时间相吻合。南京5月上旬成虫开始羽化，河北6月上旬成虫开始羽化。

成虫行动敏捷，飞翔力强，有趋光性，性比约为1∶1。雌蛾羽化当日即可交尾，翌日开始产卵，产卵前期1~2天。卵单粒产于葡萄嫩茎、叶柄及叶脉处，平均45粒，卵期约10天。初孵幼虫多从葡萄叶柄基部及叶节蛀入嫩茎，然后向下蛀食，转入粗枝后则多向上蛀食。葡萄多以直径0.5厘米以上的枝条受害，较嫩枝受害常肿胀膨大，老枝受害则多枯死。如果是主枝受害，会造成大量落果，严重影响产量。幼虫一般可转移1~2次，多在7~8月转移。在生长势弱，节间短及较细的枝条上转移次数较多。较高龄幼虫转入新枝后，常先在蛀孔下方蛀一较大的空腔，故受害枝极易折断和枯死。幼虫在为害期常将大量虫粪从蛀孔处排出。10月以后，幼虫在被害枝蔓内越冬。

【防治方法】

1. **消灭越冬幼虫**　结合冬季修剪，将被害枝蔓剪除，以消灭越冬幼虫。剪除的枝蔓要及时处理完毕，不可久留。

2. **药剂防治**　葡萄盛花期为成虫羽化盛期，也是防治葡萄透翅蛾的关键时期，但花期不宜用药，应在花后3~4天喷施下列药剂：2.5%溴氰菊酯乳油3 000倍液，或50%辛硫磷乳油1 500倍液，或50%杀螟硫磷乳油1 500倍液，或25%氯氟氰菊酯乳油

2 500 倍液，或 20％氰戊菊酯乳油 3 000 倍液，或 25％灭幼脲悬浮剂 1 500 倍液，或 20％除虫脲悬浮剂 2 000 倍液，或 50％马拉硫磷乳油 2 000 倍液，或 10％氯氰菊酯乳油 3 000 倍液等。试验结果表明，施用 2％阿维菌素乳油速效性好、持效期也较长。

3. **注意事项** 受害蔓较粗时，可用铁丝从蛀孔插入虫道，将幼虫刺死；也可塞入浸有 50％敌敌畏乳油 100~200 倍液或 90％晶体敌百虫 50 倍液的棉球，然后用泥封口。6~8 月剪除被害枯梢和膨大嫩枝进行处理。

二　斑衣蜡蝉

斑衣蜡蝉 *Lycorma delicatula*（White），又名灰花蛾、花娘子、红娘子、花媳妇、椿皮蜡蝉、斑衣、樗鸡等，属同翅目蜡蝉科。

【分布与寄主】

斑衣蜡蝉在国内河北、北京、河南、山西、陕西、山东、江苏、浙江、安徽、湖北、广东、云南、四川等省有分布；在国外越南、印度、日本等国也有分布。此虫为害葡萄、苹果、杏、桃、李、猕猴桃、海棠、樱花、刺槐等多种果树和经济林木。

【为害状】

成虫和若虫常群栖于树干或树叶上，以叶柄处最多。吸食果树的汁液，嫩叶受害后常造成穿孔，受害严重的叶片常破裂，也容易引起落花落果。成虫和若虫吸食树木汁液后，对其糖分不能完全利用，从肛门排出，洁晶如露。此排泄物往往招致霉菌繁殖，引起树皮枯裂，导致果树死亡。

斑衣蜡蝉成虫在葡萄枝蔓上（1）

斑衣蜡蝉成虫在葡萄枝蔓上（2）
（左为雌虫，右为雄虫）

斑衣蜡蝉卵块

斑衣蜡蝉低龄若虫（1）

斑衣蜡蝉低龄若虫（2）

斑衣蜡蝉高龄若虫

【形态特征】

1.**成虫** 雌成虫体长 15~20 毫米，翅展 38~55 毫米。雄虫略小。前翅长卵形，革质，前 2/3 为粉红色或淡褐色，后 1/3 为灰褐色或黑褐色，翅脉白色，呈网状，翅面均杂有 20 余个大小不等的黑点。后翅略成不等边三角形，近基部 1/2 处为红色，有黑褐色斑点 6~10 个，翅的中部有倒三角形半透明的白色区，端部黑色。

2.**卵** 圆柱形，长 2.5~3 毫米，卵粒成行平行排列，数行成块，每块有卵 40~50 粒不等，上面覆有灰色土状分泌物，卵块的外形像一块土饼，并黏附在附着物上。

3.**若虫** 扁平，初龄黑色，体上有许多小白斑，头尖，足长，4 龄若虫体背呈红色，两侧出现翅芽，停立如鸡。末龄红色，其上有黑斑。

【发生规律】

1年发生1代，以卵越冬。在山东5月下旬开始孵化，在陕西武功4月中旬开始孵化，在南方地区其孵化期提早到3月底或4月初。寄主不同，卵的孵化率相差较大，产于臭椿树上的卵，其孵化率高达80%；产于槐树、榆树上的卵，其孵化率只有2%~3%。若虫常群集在葡萄等寄主植物的幼茎嫩叶背面，以口针刺入寄主植物叶脉内或嫩茎中吸取汁液，受惊吓后立即跳跃逃避，迁移距离为1~2米。蜕皮4次后，于6月中旬羽化为成虫。为害也随之加剧。到8月中旬开始交尾产卵，交尾多在夜间，卵产于树干向南处，或树枝分叉的阴面，或葡萄蔓的腹面，卵呈块状，排列整齐，卵外附有粉状蜡质。

斑衣蜡蝉以8~9月为害最重，为害期共6个月，8月中旬至10月下旬产卵于树干上，排列成行，上有蜡质保护越冬。此虫的发生与气候有关，若秋季8~9月降水量少、气温高，往往猖獗成灾。反之，若秋季降水量特别多、湿度高、温度低，雨季一过冬季即开始，可致斑衣蜡蝉成虫寿命缩短，来不及产卵而死亡。同时，因降水量多，植物汁液稀薄，营养降低，影响产卵量，使翌年虫口量大大下降。

斑衣蜡蝉卵期、若虫期和成虫期天敌有5种。其中，卵期天敌有1种，经鉴定为斑衣蜡蝉平腹小蜂 *Ananstatus* sp.；捕食性天敌4种：小黄家蚁 *Monomorium pharaonis*，园蛛科的棒络新妇 *Nephila clavata* 和大腹园蛛 *Araneus ventricosus*，中华大刀螳 *Paratenodera sinensis*。优势天敌是斑衣蜡蝉平腹小蜂，斑衣蜡蝉卵中的自然寄生率为20%~90%，平均为44%。

【防治方法】

1. **人工防治**　冬季进行合理修剪，把越冬卵块压碎，从而减少虫源。

2. **小网捕杀**　在若虫和成虫盛发期可用小捕虫网进行捕杀，能收到一定的效果。

3. **药剂防治**　若虫发生盛期是防治斑衣蜡蝉的关键时期。在若虫大量发生期，喷施下列药剂：10％氯氰菊酯乳油2 000倍液，或25％溴氰菊酯乳油2 500倍液，或20％氰戊菊酯乳油2 000倍液，或50％辛硫磷乳油1 500倍液，或50％马拉硫磷乳油1 500倍液，或50％杀螟硫磷乳油1500倍液，均有较好的防治效果。

4. **更换树种**　采用上述防治方法都不太理想的为害严重地区，应考虑更换树种或营造混交林以减少其为害。在建葡萄园时，应尽量远离臭椿和苦楝等杂木。

5. **生物防治**　由于斑衣蜡蝉分布广、迁移性强、寄主多，营刺吸式为害，因此利用常规的化学防治效果不佳。另外，化学农药的大量使用所造成的水果残留和环境污染，不但降低了果实品质，还严重为害人们的身体健康。寄生于斑衣蜡蝉卵的一种优势寄生蜂——斑衣蜡蝉平腹小蜂 *Ananstatus* sp.，对斑衣蜡蝉卵的自然寄生率为44.3％，对斑衣蜡蝉有明显的自然控制作用。斑衣蜡蝉平腹小蜂在北京地区发生十分普遍，能在寄主卵中以若虫自然越冬，且种群数量大，一年当中发生多代，是斑衣蜡蝉在卵期最主要的天敌。

三　　葡萄二黄斑叶蝉

葡萄二黄斑叶蝉 *Erythroneura* sp.，属同翅目叶蝉科。

【分布与寄主】

分布于华北、西北地区及河南和长江流域，为害严重，是葡萄主要的害虫之一。

【为害状】

以成虫和若虫群集于叶片背面刺吸汁液，喜在郁闭处为害叶片，一般先从枝蔓中下部老叶片和内膛开始逐渐向上部和外围蔓延。叶片受害后，正面呈现密集的白色小斑点，受害严重时，小白点连成大的斑块，严重影响叶片的光合作用和有机物的积累，

葡萄二黄斑叶蝉严重为害葡萄叶片

葡萄二黄斑叶蝉成虫在葡萄叶正面为害

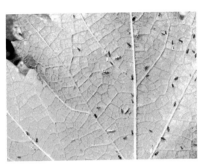

葡萄二黄斑叶蝉若虫与成虫在葡萄叶片背面为害

葡萄二黄斑叶蝉若虫在葡萄叶背面为害

葡萄二黄斑叶蝉成虫与若虫近观

葡萄二黄斑叶蝉若虫

造成葡萄早期落叶，树势衰退，影响当年以至翌年果实的质量和产量。

【形态特征】

1. **成虫** 体长至翅端约 3 毫米。头、前胸淡黄色，复眼黑色或暗褐色，头顶前缘有两个黑褐色小斑点。前胸背面前缘有 3 个黑褐色小斑点。小盾片淡黄白色，前缘也有两个较大的黑褐色斑点。前翅表面暗褐色，后缘有近半圆形的淡黄色斑纹，两翅合拢后形成近圆形斑。成虫颜色有变化，越冬前为红褐色。

2. **若虫** 末龄若虫体长约 1.6 毫米，紫红色，触角、足体节间、背中均为淡黄白色。体略短宽，腹末几节向上方翘起。

【发生规律】

在山东每年发生 3~4 代，以成虫在葡萄园的落叶、杂草下等隐蔽处越冬。翌年 3~4 月开始活动，先在葡萄园边发芽早的植物上为害，葡萄展叶后迁入葡萄园为害，并在叶背产卵。5 月中旬第 1 代若虫出现，5 月底至 6 月初第 1 代成虫发生，以后各代重叠，末代成虫 9~10 月发生，直到葡萄叶落，才寻找隐蔽处所越冬。成虫上午取食，中午阳光强烈时静伏于叶背隐蔽处，受惊扰时即飞往他处。

【防治方法】

1. **农业防治** 在葡萄生长时期，使葡萄枝叶分布均匀、通风透光良好。秋后清除葡萄园的落叶、枯草，消灭其越冬场所，都能显著减少害虫的数量。

2. **药剂防治** 第 1 代若虫盛发期是药剂防治的有利时期，可结合其他虫害防治，喷布 20% 吡虫啉浓可溶剂 6 000 倍液，或 10% 吡虫啉 3 000 倍液，或 25% 噻虫嗪水分散粒剂 20 000 倍液，或 50% 氯氰·毒死蜱乳油 2 000 倍液，或 10% 氯氰菊酯乳油 2 000 倍液等，都可收到良好的效果。

四　葡萄斑叶蝉

葡萄斑叶蝉 *Erythroneura apicalis* Nawa，又名葡萄二星叶蝉，属于同翅目叶蝉科。

【分布与寄主】

分布在华北、西北地区及长江流域。一般在通风不良、杂草丛生的葡萄园发生较多。除为害葡萄外，还为害苹果、梨、桃、樱桃、山楂及多种花卉。

【为害状】

成虫、若虫聚集在葡萄叶的背面吸食汁液。严重时叶片苍白或焦枯，影响枝条成熟和花芽分化。

葡萄斑叶蝉为害初期，叶面出现失绿斑点

葡萄斑叶蝉为害葡萄，叶片失绿、呈苍白色

葡萄斑叶蝉成虫

葡萄斑叶蝉若虫

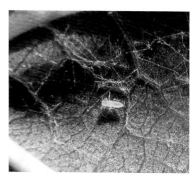
葡萄斑叶蝉低龄若虫

葡萄斑叶蝉成虫与若虫

【形态特征】

1. **成虫**　体长 3.7 毫米左右。淡黄白色。头顶有 2 个明显的圆形斑点，前胸背板前缘有圆形小黑点 3 个，形成 1 列，小盾片前缘左右各有 1 个大的三角形黑纹。翅半透明，上有淡黄色及深浅相间的花斑，翅端部呈淡黑褐色。个体间斑纹的颜色变化较大，有的全无斑纹。

2. **卵**　黄白色，长椭圆形，稍弯曲，长约 0.2 毫米。

3. **若虫**　初孵时为白色，后颜色变深，尾部不向上举，成熟时体长约 2 毫米。

【发生规律】

在陕西、山东 1 年发生 3 代，河北 1 年发生 2 代。以成虫在葡萄园附近的石缝、落叶、杂草中过冬。翌年春葡萄发芽前，先在葡萄园边发芽早的蜀葵或苹果、樱桃、梨、山楂等果树上吸食嫩叶汁液，葡萄展叶花穗出现前后再迁至其上为害。成虫将卵产于葡萄叶片背面叶脉的表皮下，卵散产。5 月中下旬孵化出若虫。6 月上中旬出现第 1 代成虫，第 2 代成虫于 8 月中旬发生最多，第 3 代成虫 9~10 月间最盛。在葡萄生长季节均受其害。先从蔓条基部老叶上发生，逐渐向上部叶片蔓延，不喜欢为害嫩叶。叶片背面光滑无茸毛的欧洲品系受害严重，叶片背面有茸毛的美洲品系则受害轻微。一般通风不良的棚架，杂草丛生的葡萄园发生重。

【防治方法】

参见葡萄二黄斑叶蝉防治方法。

五　绿盲蝽

绿盲蝽 *Lygocoris lucorum*（Meyer-Dur.），别名花叶虫、小臭虫等，属半翅目盲蝽科。

【分布与寄主】

分布几乎遍全国各地。为杂食性害虫,寄主有棉花、桑、枣树、葡萄、桃、麻类、豆类、玉米、马铃薯、瓜类、苜蓿、药用植物、蒿类、十字花科蔬菜等。

【为害状】

以成虫和若虫通过刺吸式口器吮吸葡萄幼嫩器官的汁液。被害幼叶最初出现细小黑褐色坏死斑点，叶长大后形成无数孔洞，叶缘开裂，严重时叶片扭曲皱缩，芽叶伸展后叶面呈现不规则的孔洞，叶缘残缺破烂；花蕾被害产生小黑斑；刺吸果实汁液，幼果产生黑色斑点，随着果实增大，果面的坏死斑也变大，商品价

绿盲蝽为害幼叶，呈现坏死斑点

绿盲蝽为害幼叶，叶面呈现褐色坏死斑点

绿盲蝽为害葡萄幼果表面，产生黑斑

绿盲蝽为害叶片，长大后受害处
呈穿孔状

绿盲蝽低龄若虫为害葡萄幼芽

绿盲蝽高龄若虫为害葡萄幼芽

值大为下降；新梢生长点被害，呈黑褐色坏死斑，但一般生长点
不会脱落。

【形态特征】

1. **成虫**　体长约 5 毫米，宽约 2.2 毫米，绿色，密被短毛。
头部三角形，黄绿色，复眼黑色、突出，无单眼，触角 4 节丝状，
较短，约为体长的 2/3，第 2 节长等于第 3 节与第 4 节之和，向
端部颜色渐深，第 1 节黄绿色，第 4 节黑褐色。前胸背板深绿色，
布许多小黑点，前缘宽。小盾片呈三角形微突，黄绿色，中央具

1 浅纵纹。前翅膜片半透明暗灰色，其余绿色。足黄绿色，胫节末端颜色较深，后足腿节末端具褐色环斑，雌虫后足腿节较雄虫短，不超腹部末端，跗节 3 节，末端黑色。

2. 卵　长 1 毫米，黄绿色，长口袋形，卵盖奶黄色，中央凹陷，两端突起，边缘无附属物。

3. 若虫　5 龄，与成虫相似。初孵时绿色，复眼桃红色。2 龄黄褐色，3 龄出现翅芽，4 龄超过第 1 腹节，2 龄、3 龄、4 龄触角端和足端黑褐色，5 龄后全体鲜绿色，密被黑细毛；触角淡黄色，端部色渐深。眼灰色。

【发生规律】

北方 1 年发生 3~5 代，其中，运城 1 年 4 代，陕西泾阳、河南安阳 1 年 5 代，在长江流域 1 年发生 5 代，华南地区 1 年发生 7~8 代，以卵在冬作豆类、苕子、苜蓿、木槿、棉花枯枝铃壳内或苜蓿、蓖麻茎秆、桃、石榴、葡萄、棉花枯断枝茎髓内及剪口髓部越冬。翌年 4 月上旬，越冬卵开始孵化，4 月中下旬为孵化盛期。若虫为 5 龄，起初在蚕豆、胡萝卜及杂草上为害，5 月开始为害葡萄。绿盲蝽有趋嫩为害习性，喜在潮湿条件下发生。5 月上旬出现成虫，开始产卵，产卵期长达 19~30 天，卵孵化期 6~8 天。成虫寿命最长，最长可达 45 天，9 月下旬开始产卵越冬。

翌春 3~4 月旬均温高于 10 ℃或连续 5 天均温达 11 ℃，相对湿度高于 70%，卵开始孵化。第 1~2 代多生活在紫云英、苜蓿等绿肥田中。成虫寿命长，产卵期 30~40 天，发生期不整齐。成虫飞行力强，喜食花蜜，羽化后 6~7 天开始产卵。果树上以春秋两季受害重。主要天敌有寄生蜂、草蛉、捕食性蜘蛛等。

绿盲蝽成虫期长达 30 多天，若虫期 28~44 天。1 龄若虫 4~7 天，一般 5 天；2 龄若虫 7~11 天，一般 6 天；3 龄若虫

6~9 天，一般 7 天；4 龄若虫 5~8 天，一般 6 天；5 龄若虫 6~9 天，一般 7 天。

绿盲蝽趋嫩为害，生活隐蔽，爬行敏捷，成虫善于飞翔。天气晴朗的白天多隐匿于草丛内，早晨、夜晚和阴雨天爬至芽叶上活动为害，频繁刺吸芽内的汁液，1 头若虫一生可刺吸 1 000 多次。

【防治方法】

1. **农业防治**　清洁果园，结合果园管理，春前清除杂草。果树修剪后，应清理剪下的枝梢。多雨季节注意开沟排水、中耕除草，降低园内湿度。搞好管理（抹芽、副梢处理、绑蔓），改善架面通风透光条件。对幼树及偏旺树，避免冬剪过重；多施磷钾肥料，控制用氮量，防止葡萄徒长。

2. **农药防治**　抓住第 1 代低龄期若虫，适时喷洒农药，喷药防治时，结合虫情测报，在若虫 3 龄以前用药效果最好，7~10 天 1 次，每代需喷药 1~2 次。生长期有效药剂有 10% 吡虫啉悬浮剂 2 000 倍液，或 3% 啶虫脒乳油 2 000 倍液，或 1.8% 阿维菌素乳油 3 000 倍液，或 48% 毒死蜱乳油 1 500 倍液，或 50 克 / 升氟虫腈悬浮剂 2 000 倍液，或 25% 氯氰·毒死蜱乳油 1 000 倍液，或 4.5% 高效氯氰菊酯乳油或水乳剂 2 000 倍液，或 2.5% 高效氯氟氰菊酯乳油 2 000 倍液，或 20% 甲氰菊酯乳油 2 000 倍液等。

六　黑刺粉虱

黑刺粉虱 *Aleurocanthus spiniferus*（Quaintance），别名橘刺粉虱、刺粉虱、黑蛹有刺粉虱，属同翅目粉虱科。

【分布与寄主】

江苏、安徽、河南以南至台湾、广东、广西、云南有分布。寄主有葡萄、茶、油茶、柑橘、枇杷、苹果、梨、柿、栗、龙眼、香蕉、橄榄等。

黑刺粉虱为害葡萄叶片，引起霉污

黑刺粉虱在葡萄叶片背面为害

瓢虫在捕食黑刺粉虱

【为害状】

成虫、若虫刺吸叶、果实和嫩枝的汁液，被害叶出现失绿黄白斑点，随危害的加重斑点扩展成片，进而全叶苍白早落；被害果实风味品质降低，幼果受害严重时常脱落。排泄蜜露可诱致煤污病发生。

【形态特征】

1. **成虫** 体长 0.96~1.3 毫米，橙黄色，薄覆白粉。复眼肾形、红色。前翅紫褐色，上有 7 个白斑；后翅小，淡紫褐色。

2. **卵** 新月形，长 0.25 毫米，基部钝圆，具 1 个小柄，直立附着在叶上，初乳白后变淡黄，孵化前为灰黑色。

3. **若虫** 体长 0.7 毫米，黑色，体背上具刺毛 14 对，体周缘泌有明显的白蜡圈；共 3 龄，初龄椭圆形、淡黄色，体背生 6 根浅色刺毛，体变为灰至黑色，有光泽，体周缘分泌 1 圈白蜡质物；2 龄黄黑色，体背具 9 对刺毛，体周缘白蜡圈明显。

4. **蛹** 椭圆形，初乳黄色，渐变为黑色。蛹壳椭圆形，长 0.7~1.1 毫米，漆黑有光泽，壳边锯齿状，周缘有较宽的白蜡边，背面显著隆起，胸部具 9 对长刺，腹部有 10 对长刺，两侧边缘雌虫有长刺 11 对，雄虫 10 对。

【发生规律】

安徽、浙江 1 年生 4 代，福建、湖南和四川 1 年 4~5 代，均以若虫于叶背越冬。越冬若虫 3 月间化蛹，3 月下旬至 4 月羽化。世代不整齐，从 3 月中旬至 11 月下旬田间各虫态均可见。各代若虫发生期：第 1 代 4 月下旬至 6 月，第 2 代 6 月下旬至 7 月中旬，第 3 代 7 月中旬至 9 月上旬，第 4 代 10 月至翌年 2 月。成虫喜较阴暗的环境，多在树冠内膛枝叶上活动，卵散产于叶背，散生或密集呈圆弧形，数粒至数十粒聚集，每雌可产卵数十粒至百余粒。初孵若虫多在卵壳附近爬动吸食，共 3 龄，2、3 龄固定寄生，若虫每次蜕皮壳均留叠体背。卵期：第 1 代 22 天，第 2~4 代 10~15 天；非越冬若虫期 20~36 天，蛹期 7~34 天。成虫寿命 6~7 天。天敌有瓢虫、草蛉、寄生蜂、寄生菌等。

【防治方法】

1. **植物检疫**　在引进苗木时注意检查叶背有无粉虱类虫体，杜绝此类害虫的侵入。

2. **重视清园**　加强林地中耕除草等清园工作和剪除虫害枝、衰弱枝、徒长枝等修剪工作，以改善林地通风透光条件，恢复树势生长。

3. **生物防治**　保护和利用粉虱类天敌如瓢虫、草蛉、斯氏节蚜小蜂和黄色蚜小蜂等。

4. **药剂防治**　使用 50% 啶虫脒水分散粒剂 3 000 倍液，10% 吡虫啉可湿性粉剂 1 000 倍液，或啶虫脒水分散粒剂 3 000 倍液 + 5.7% 甲维盐乳油 2 000 倍混合液喷雾，均可针对性防治。

七 东方盔蚧

东方盔蚧 *Parthenolecanium orientalis* Bourchs，又名扁平球坚蚧、水木坚蚧，属同翅目蚧科。

【分布与寄主】

分布于东北、华北、西北、华东等地区，寄主植物为多种果树和林木。

东方盔蚧为害茎蔓

东方盔蚧为害葡萄果粒（1）

东方盔蚧为害葡萄果粒（2）

【为害状】

以若虫和成虫为害枝叶和果实。为害期间，经常排泄出无色黏液，诱发煤污病。果树中以桃、葡萄受害最重。为害的葡萄品种有红玫瑰、基米亚特、卡它巴、红鸡心及龙眼，且发生严重。

【形态特征】

1. **成虫**　雌成虫黄褐色或红褐色，扁椭圆形，体长 3.5~6.0 毫米，体背中央有 4 列纵排断续的凹陷，凹陷内外形成 5 条隆脊。体背边缘有横列的皱褶，排列较规则，腹部末端具臀裂缝。

2. **卵**　长椭圆形，淡黄白色，长径 0.5~0.6 毫米，短径约 0.25 毫米，近孵化时呈粉红色，卵上微覆蜡质白粉。

3. **若虫**　将越冬的若虫，体赭褐色，眼黑色，椭圆形，上下较扁平，体外有一层极薄的蜡层。有活动能力。越冬若虫，外形与上同，但失去活动能力；口针囊长达肛门附近，虫体周缘的锥形刺毛增至 108 条。越冬后的若虫沿纵轴隆起颇高，呈现黄褐色，侧缘淡灰黑色，眼点黑色。体背周缘开始呈现皱褶，体背周缘内方重新生出放射状排列的长蜡腺，可分泌出大量白色蜡粉。

【发生规律】

在黄河故道地区 1 年发生 2 代。以 2 龄若虫在枝干裂缝、老皮下及叶痕处越冬。翌年 3 月中下旬开始活动，先后爬到枝条上寻找适宜场所固着为害。4 月上旬虫体开始膨大，4 月末雌虫体背膨大并硬化，5 月上旬开始在体下介壳内产卵，5 月中旬为产卵盛期，卵期 1 个月左右。5 月下旬至 6 月上旬为若虫孵化盛期，若虫爬到叶片背面固着为害，少数寄生于叶柄。叶片上若虫于 6 月中旬先后蜕皮并迁回枝条，7 月上旬羽化为成虫，7 月下旬至 8 月上旬产卵，第 2 代若虫 8 月孵化，中旬为盛期，10 月间再迁回树体越冬。

【防治方法】

1. **杜绝虫源**　注意不要采带虫接穗，苗木和接穗出圃要及时采取处理措施。果园附近防风林不要栽植刺槐等寄主林木。

2. **冬季清园并将枝干翘皮刮掉**　春季葡萄发芽前剥掉裂皮并喷药，可减少越冬若虫。冬季和早春，喷 3~5 波美度石硫合剂或 3%~5% 柴油乳剂，防治越冬若虫。

3. **药剂防治**　生长期抓住两个关键防治时期：一是 4 月上中旬，虫体开始膨大时；二是 5 月下旬至 6 月上旬，卵孵化盛期。可喷 40% 毒死蜱乳油 1 000 倍液，或 50% 杀螟松乳油 1 000 倍液，或 30% 硝虫硫磷乳油 1 000 倍液，或 50% 二溴磷乳油 2 000 倍液，或 2.5% 氯氟氰菊酯乳油 2 000 倍液，或 20% 氰戊菊酯乳油 2 000 倍液，或 20% 甲氰菊酯乳油 3 000 倍液，或 25% 噻虫嗪水分散粒剂 5 000 倍液，或 25% 噻嗪酮可湿性粉剂 1 500 倍液。

八　葡萄烟蓟马

葡萄烟蓟马 *Thrips tabaci* Lindeman，属缨翅目蓟马科。

【分布与寄主】

在我国葡萄产区有广泛的散布，近年来对葡萄的为害有日益增长之势。部分被害株率高和被害穗率高，从而造成葡萄减产和品质的大幅度下降。蓟马不仅为害葡萄，还为害苹果、梅、李、柑橘等果树。

【为害状】

主要为害花蕾、幼果和嫩叶。1~2龄若虫和成虫均能以锉吸式口器取食，可锉吸幼果和嫩叶表皮细胞的汁液。幼果被害后，果皮出现黑点或黑斑块，以后被害部位随着果粒的增大而扩大并形成黄褐色木栓化斑。严重时变成裂果，成熟期易霉烂；嫩叶被害部位略呈水渍状黄点或黄斑，以后变成不规则穿孔或破碎。叶片因叶绿素被损坏，先涌现褪绿的黄斑，后叶片变小，卷曲畸形，

烟蓟马若虫为害葡萄叶片

受烟蓟马为害的葡萄叶片

干枯，有时还涌现穿孔。被害的新梢生长受到抑制。

【形态特征】

1. **成虫**　雌成虫体长 1.1 毫米左右，黄褐色。

2. **卵**　卵长 0.2 毫米左右，肾形。

3. **若虫**　初龄长约 0.37 毫米，白色，透明；2 龄时体长 0.9 毫米左右，色浅，黄色至深黄色。

【发生规律】

烟蓟马每年发生的代数各地不一，一般 6~10 代。华北地区每年发生 3~4 代，山东 6~10 代，华南地区 20 代以上。以成虫或若虫在土缝中或杂草株间、葱地里越冬。在 25~28 ℃，卵期 5~7 天，幼虫期（1~2 龄）6~7 天，前蛹期 2 天，蛹期 3~5 天。成虫寿命 8~10 天。雌虫可行孤雌生殖，每雌平均产卵约 50 粒（21~178 粒），卵产于叶片组织中。2 龄若虫后期，常转向地下，在表土中经历前蛹期及蛹期。以成虫越冬为主，也有若虫在土块下、土缝内或枯枝落叶中越冬，尚有少数以蛹在土中越冬。在华南地区无越冬现象。成虫极活跃，善飞，怕阳光，早晚或阴天取食。初孵幼虫集中在叶基部为害，稍大即分散。气温 25 ℃、空气相对湿度 60% 以下有利于蓟马发生，高温高湿则不利于其发生，暴风雨可降低发生数量。东北、西北地区 6 月下旬至 7 月上旬受害重。

【防治方法】

1. **人工防治**　冬春清除果园内杂草和枯树落叶，9~10 月和早春时期集中消灭在葱、蒜上为害的蓟马，以减少虫源。

2. **生物防治**　蓝板诱杀既生态环保，效果又好。可配合 48% 多杀霉素（生物农药）3 000 倍液进行防治。

3. **化学防治**　蓟马发生高峰期（为害期），采用 10% 吡虫啉 2 000~3 000 倍液，或 3% 啶虫脒 1 500 倍液，每隔 5 天喷施 1 次，进行交替喷雾使用。

九　茶黄蓟马

茶黄蓟马 *Scirtothrips dorsalis* Hood，属缨翅目蓟马科。

【分布与寄主】

茶黄蓟马分布于海南、广东、广西、云南、浙江、福建、台湾；日本、印度、马来西亚、巴基斯坦有分布。

【为害状】

以成虫、若虫为害葡萄新梢、叶片和幼果。被害叶片呈水渍

茶黄蓟马为害新梢

茶黄蓟马为害葡萄新梢叶片

茶黄蓟马为害果粒呈现锈褐色

茶黄蓟马成虫为害葡萄幼叶

状失绿，有黄色小斑点。一般叶尖、叶缘受害最重。严重时新梢的延长受到抑制，叶片变小，卷曲成杯状或畸形，甚至干枯，有时还出现穿孔。被害的幼果，初期在果面形成小黑斑，随着幼果增大而成为不同形状的木栓化褐色锈斑，影响果粒外观，严重时会裂果，降低商品价值。

【形态特征】

1. **成虫**　雌虫体长 0.9 毫米，体橙黄色。触角 8 节，暗黄色，第 1 节灰白色，第 2 节与体色同，第 3~5 节的基部常淡于体色，第 3、4 节上有锥叉状感觉圈，第 4、5 节基部均具一个细小环纹。复眼暗红色。前翅橙黄色，近基部有一小片淡黄色区；前翅窄，前缘鬃 24 根，前脉鬃基部（4+3）根，端鬃 3 根。其中，中部 1 根，端部 2 根，后脉鬃 2 根。腹部背片第 2~8 节有暗前脊，但第 3~7 节仅两侧存在，前中部约 1/3 为暗褐色。腹片第 4~7 节前缘有深色横线。头宽约为长的 2 倍，短于前胸；前缘两触角间延伸，后大半部有细横纹；两颊在复眼后略收缩；头鬃均短小，前单眼之前有鬃 2 对，其中一对在正前方，另一对在前部两侧；单眼间鬃位于两后单眼前内侧的 3 个单眼内线连线之内。

雄虫触角 8 节，第 3、4 节有锥叉状感觉圈。下颚须 3 节。前胸宽大于长，背片布满细密的横纹，后缘有鬃 4 对，自内第 2 对鬃最长；接近前缘有鬃 1 对，前中部有鬃 1 对。腹部第 2~8 节背片两侧 1/3 有密排微毛，第 8 节后缘梳完整。腹片亦有微手占据该节全部宽度，第 2~7 节长鬃出自后缘，无附属鬃。

2. **卵**　肾形，长约 0.2 毫米，初期乳白色，半透明，后变淡黄色。

3. **若虫**　形状与成虫相似，缺翅。初孵若虫白色透明，复眼红色，触角粗短，以第 3 节最大。头、胸约占体长的一半，胸宽于腹部。2 龄若虫体长 0.5~0.8 毫米，淡黄色，触角第 1 节淡黄色，其余暗灰色，中后胸与腹部等宽，头、胸长度略短于腹部长度。3 龄若虫（前蛹）黄色，复眼灰黑色，触角第 1、2 节大，第 3 节小，第 4~8 节渐尖。翅芽白色透明，伸达第 3 腹节。4 龄若虫（蛹）黄色，复眼前半部红色，后半部黑褐色。触角倒贴于头及前胸背面。翅芽伸达第 4 腹节(前期)至第 8 腹节(后期)。

4. **蛹（4 龄若虫）** 出现单眼，触角分节不清楚，伸向头背面，翅芽明显。

【发生规律】

1 年发生 5~6 代，以若虫或成虫在粗皮下或芽的鳞苞内越冬，翌年 4 月开始活动，5 月上中旬若虫群集在新梢顶端的嫩叶为害。可行有性生殖和孤雌生殖。雌虫羽化后 2~3 天在叶背叶脉处产卵，每雌虫产卵少则几十粒，多则 100 多粒。初龄若虫、2 龄若虫对葡萄造成为害，3 龄若虫行动缓慢，下到地面准备化蛹，4 龄若虫在地表枯枝落叶层中化蛹。成虫活泼、善跳、易飞。成虫、若虫有避光趋湿的习性。

【防治方法】

1. **人工防治** 自开花期到落花后，及时摘除新梢被害嫩叶。

2. **生物防治** 选用植物性农药，每亩可选用 2.5% 鱼藤酮 150~200 毫升，或 0.3% 印楝素乳油 500 倍液喷施，或 0.2% 苦参碱水剂 1 000~1 500 倍进行喷雾防治。

3. **化学防治** 于若虫高峰期前用药。每亩可选用 2.5% 联苯菊酯 2 000 倍液，或 10% 氯氰菊酯 4 000~5 000 倍液，或 2.5% 氯氟氰菊酯 2 000 倍液，或 10% 虫螨腈 1 500 倍液，或 10% 啶虫脒 1 600~2 000 倍液等农药，以上药剂交替轮换使用，应避免长期使用单一农药，产生抗药性。

十　白星花金龟

白星花金龟 *Liocola brevitarsis* Lewis，又名白星花潜，俗称瞎撞子，属鞘翅目花金龟科。

【分布与寄主】

国内分布区域广，辽宁、河北、山东、山西、河南、陕西等省地都有发生。国外日本、朝鲜、俄罗斯有分布。为害葡萄、苹果、梨、桃等果树。

【为害状】

成虫为害成熟的果实，也可为害幼嫩的芽、叶。

白星花金龟为害果实

【形态特征】

1. **成虫**　体长 20~24 毫米。全体暗紫铜色，前胸背板和鞘翅有不规则的白斑 10 多个。

2. **卵**　圆形至椭圆形，乳白色，长 1.7~2.0 毫米，同一雌虫所产，大小亦不尽相同。

3. **幼虫**　老熟幼虫体长 2.4~3.9 毫米，体柔软肥胖而多皱纹，弯曲呈"C"字形。头部褐色，胴部乳白色，腹末节膨大，肛腹片上的刺毛呈倒"U"字形，2 纵行排列，每行刺毛 19~22 根。

【发生规律】

1 年发生 1 代，以幼虫在土中越冬。成虫在 6~9 月发生，喜食成熟的果实，常数头群集果实、在树干烂皮等处吸食汁液，稍受惊动即迅速飞逃。成虫对糖、醋有趋性。7 月成虫产卵于土中。

【防治方法】

1. **诱杀成虫**　利用成虫的趋化性，采用糖醋液诱杀。

2. **农业防治**　幼虫多数集中在腐熟的粪堆内，可在 6 月前成虫尚未羽化时，将粪堆加以翻倒或施用，拣拾其中的幼虫及蛹，这可消灭大部分害虫；也可利用成虫入土习性，对土壤进行处理。

十一 四斑丽金龟

四斑丽金龟 *Popillia quadriuttata*（Fabricius），又名中华弧丽金龟、葡萄金龟，以前被误称为日本金龟，属鞘翅目丽金龟科。

【分布与寄主】

国内分布广。食性杂，可为害葡萄、苹果、板栗等果树。

【为害状】

以成虫食叶片，叶呈孔洞状。

四斑丽金龟、日本金龟为害葡萄叶片

四斑丽金龟为害葡萄叶片

【形态特征】

1. **成虫**　体长 7.5~12 毫米，宽 4.5~6.5 毫米，椭圆形，翅基宽，前后收狭，体色多为深铜绿色；鞘翅浅褐色至草黄色，四周深褐色至墨绿色，足黑褐色；臀板基部具白色毛斑 2 个，腹部 1~5 节腹板两侧各具白色毛斑 1 个，由密细毛组成。头小点刻密布其上，触角 9 节、鳃叶状，棒状部由 3 节构成。雄虫大于雌虫。前胸背板具强闪光且明显隆凸，中间有光滑的窄纵凹线；小盾片三角形，前方呈弧状凹陷。鞘翅宽短略扁平，后方窄缩，肩凸发达，背面具近平行的刻点纵沟 6 条，沟间有 5 条纵肋。足短粗；前足胫节外缘具 2 枚齿，端齿大而钝，内方距位于第 2 枚齿基部对面的下方；爪成双，不对称，前足、中足内爪大，分叉，后足则外爪大，不分叉。

2. **卵**　乳白色，椭圆形，平均长 1.46 毫米。

3. **幼虫**　老熟幼虫乳白色，体长 12~18 毫米。头宽 2.9~3.1

毫米。头前顶刚毛每侧 5~6 根，排列为一纵列。肛背片后部细凹缝口较宽大。臀节腹面复毛区中间的刺毛列呈"八"字形，每列由 5~8 根、多数由 6~7 根锥状刺组成。

4.**蛹**　黄褐色，平均体长 12.6 毫米。

【发生规律】

1 年发生 1 代，发生比较整齐。以 3 龄幼虫在 60~70 厘米深土壤中越冬。翌年春 4 月，当 20 厘米深土层旬平均土温达 9.5 ℃时幼虫很快上迁。4 月下旬，10 厘米深土层旬平均土温达 14.2 ℃左右，幼虫已全部进入耕犁层。6 月中上旬，大批幼虫老熟，在 5~8 厘米深土中做一椭圆形蛹室化蛹。蛹室长 26~33 毫米，内壁坚实光滑。预蛹期 4~14 天，蛹期 8~17 天，化蛹始期为 6 月中旬，盛期为 6 月末至 7 月上旬。成虫羽化始期为 6 月下旬，盛期为 7 月上旬，末期在 7 月中旬，8 月中旬少见。成虫寿命雄虫 15~29 天，雌虫 24~31 天。

成虫羽化后在蛹室内静伏 2~3 天，当 10 厘米深土壤中平均温度为 23 ℃左右，空气平均气温为 22 ℃左右，相对湿度达 80% 以上时成虫开始出土取食。成虫无趋光性，夜间多潜伏于土中，少数则潜伏于植物叶片间。成虫在发生初期分散取食，盛期则喜群集取食——只取食叶肉，残留叶脉，多在 9：00~11：00 时取食，炎夏中午则躲在背光的郁闭叶丛中。成虫有假死性，受惊即收足坠落，有的在坠落途中即展翅飞逃。

该虫多发生在地势比较潮湿但又排水良好、腐殖质含量高的山地，坡耕撂荒地及沟边和田边杂草荒地。

【防治方法】

1.**诱捕成虫**　果园设黑光灯诱杀成虫，在清晨或傍晚振落捕杀。

2. 药剂防治

（1）成虫：数量较多时，可以喷48%毒死蜱乳油1 500倍液，或80%敌敌畏乳油1 500倍液，或50%辛硫磷乳油1 500倍液，或90%晶体敌百虫1 000倍液，或10%氯氰菊酯乳油3 000倍液，或2.5%溴氰菊酯乳油2 500倍液，或20%氰戊菊酯乳油3 000倍液进行防治。

（2）幼虫：可用药剂处理土壤。用50%辛硫磷乳油每亩200~250克，加水10倍喷于25~30千克细土上拌匀制成毒土，顺垄条施，随即浅锄；可用5%辛硫磷颗粒剂处理土壤，均为每亩2千克施于上面，再翻耕入土，可防治幼虫并兼治其地下害虫。

3. 生物防治　保护和利用天敌。

十二 葡萄十星叶甲

葡萄十星叶甲 *Oides decempunctata* Bilberg，又名葡萄十星叶虫、葡萄花叶甲、葡萄金花虫，属于鞘翅目叶甲科。

【分布与寄主】

分布于河北、河南、山东、陕西、辽宁、湖南、浙江、广东、福建等省。寄主植物除葡萄外，还有野葡萄、爬墙虎（福建）、

葡萄十星叶甲成虫

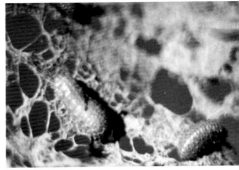

葡萄十星叶甲幼虫

葡萄十星叶甲严重为害葡萄叶片

葡萄十星叶甲交尾

黄荆树（湖南）。

【为害状】

成虫和幼虫都啃食葡萄叶片，大量发生时将全部叶片食尽，只残留叶脉，幼芽也被食害，致使植株生长发育受阻，对产量影响较大，是葡萄产区的主要害虫之一。

【形态特征】

1. **成虫**　体长 12 毫米左右，土黄色，椭圆形。头小，常隐于前胸下。触角淡黄色，末端 4 节或 5 节为黑褐色。前胸背板有许多小刻点。两鞘翅上共有黑色圆形斑点 10 个，但常有变化。

2. **卵**　椭圆形，长约 1 毫米。初为黄绿色，后渐变为暗褐色，表面有很多无规则的小突起。

3. **幼虫**　共 5 龄。幼虫体长 12~15 毫米。体扁而肥，近长椭圆形。头小，黄褐色。胸腹部土黄色或淡黄色，除尾节无突起外，其他各节两侧均有肉质突起 3 个，突起顶端呈黑褐色。胸足小，前足更为退化。

4. **蛹**　体长 9~12 毫米，金黄色。腹部两侧成齿状突起。

【发生规律】

辽宁、河北、河南、山东、山西、陕西、湖北 1 年发生 1 代，江西南昌和重庆 1 年发生 2 代。均以卵在根际附近的土中和落于地下后在土中越冬；南方温暖地区也有以成虫于各种缝隙中越冬的。1 代区 5 月下旬开始孵化，6 月上旬为盛期。幼虫多沿树干基部上爬，先群集为害附近芽叶，逐渐向上转移为害。多在早晨和傍晚于叶面上取食，白天潜伏于隐蔽处，有假死性。6 月底陆续老熟入土，多于 3~7 厘米深处做土茧化蛹。蛹期 10 天左右。7 月上中旬开始羽化，成虫羽化后在蛹室内停留 1 天才出土，多在 6：00~10：00 时。成虫白天活动，受触动即分泌黄色具有恶臭味的黏液，并假死落地。羽化后经6~8天开始交尾，交尾后8~9天开始产卵。8月上旬至9月中旬为产卵期。卵呈块状，多产在距植株35厘米范围内的地面上，尤以葡萄枝干接近地面处最多。每只雌虫可产卵700~1 000粒。成虫寿命60~100天，直到9月下旬陆续死亡。2代区各虫态开始发生期为越冬卵，4月中旬孵化，5月下旬化蛹，6月中旬羽化，8月上旬产卵；8月中旬至9月中旬2代卵孵化，9月上旬至10月中旬化蛹，9月下旬至10月下旬羽化，并产卵越冬，11月成虫陆续死去，以成虫越冬的于3月下旬至4月上旬开始出蛰活动，交尾产卵。

【防治方法】

1. 人工防治　结合冬季清园，清除枯枝落叶及根际附近的杂草，集中销毁，以消灭越冬卵；初孵化幼虫集中在下部叶片上为害时，可摘除有虫叶片，集中处理；利用成虫和幼虫的假死性，以容器盛草木灰或石灰置于植株下方，振动茎叶，使成虫落入容器中，集中处理。

2. 农业防治　在化蛹期及时中耕，可消灭蛹。

3. 药剂防治　在成虫和幼虫发生期，喷48%毒死蜱乳油1 500倍液，或80%敌敌畏乳油1 500倍液，或50%辛硫磷乳油1 500倍液，或90%晶体敌百虫1 000倍液，或10%氯氰菊酯乳油3 000倍液，或25%溴氰菊酯乳油2 500倍液，或20%氰戊菊酯乳油3 000倍液。

十三　大眼鳞象甲

　　大眼鳞象甲 *Egiona viticola* Luol.，属鞘翅目象甲科大眼象亚科鳞象甲属。为蛀食葡萄藤蔓的一种新害虫，属国内新记录。

【分布与寄主】

　　分布于贵州省三都、都匀、荔波等地。

【为害状】

　　以成虫和幼虫蛀食生长衰弱的老蔓、濒死蔓或枯蔓，属次害性昆虫。此虫大多是在葡萄受到透翅蛾、双棘长蠹或天牛蛀食后，再行趋害。成虫一般选择较粗大的主枝蔓产卵，幼虫孵化后蛀短隧道为害，少达髓部。蛀孔外常排出少许粪屑，不细看不易察觉。虫量少时，对植株生长无明显影响；反之当幼虫大量于节部蛀害

大眼鳞象甲成虫

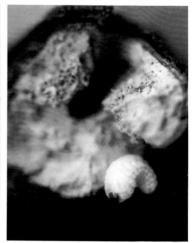

大眼鳞象甲幼虫

时，上端藤蔓冬后便枯死。

【形态特征】

1. **成虫**　雌成虫体长 4.8~5.2 毫米，宽 3.0~3.2 毫米；雄虫体小，长 3.2~3.4 毫米，宽 1.6~1.8 毫米。体赤褐色，具斑纹，橄榄球形。头球状，布粗大刻点。复眼特大，黑色，不整形，前缘稍狭，两眼几乎占据整个额面，彼此相距仅 1 条缝，眼周环布乳黄色短鳞毛。腹面观胸、腹板上密布白色短羽状鳞毛，形若盔甲。

2. **卵**　乳白色，椭圆形，大小为 0.2 毫米 ×0.4 毫米。

3. **幼虫**　成熟幼虫体长 5.7~6.0 毫米，宽 1.9~2.1 毫米，乳白色，近豆形，中部弯曲。头赤褐色，上颚黑色。各体节背面有 3 个横皱瘤。无足，但疏布小的浅黄色刚毛以作运动器官。

4. **蛹**　体长 5.0~5.3 毫米，宽 2.8~3.2 毫米，乳白色渐至乳黄色，疏生赤褐色刚毛。腹面观复眼上沿内顶角上方各有 3 根刚毛，呈锐三角形着生，顶刚毛较下 2 根粗大。

【发生规律】

1 年发生 2 代，世代重叠严重，能以除卵以外的三个虫态越冬。成虫飞翔力弱，扩散传播距离近，故在标本采集中，常发现局部地区乃至单株虫口密度大，而邻近园地有时查不到虫。越冬成虫 5 月爬出孔外，在被害蔓或另择生长弱的新蔓上产卵。卵产在裂皮下，单产，偶见 2 粒产于一起。有时，若干成虫集于节部四周产卵，累计可达 31 粒，一般十几粒。卵孵化后，幼虫啃食渐进入皮层，最后多在边材部化蛹，蛀道从未超过 1 厘米。第 1 代成虫羽化高峰在 7 月下旬至 8 月中旬，第 2 代成虫 10 月上中旬羽化，此后在蛹室内越冬，至翌年 5 月才脱出。成虫产卵期长是造成世代重叠的原因。

【防治方法】

1. **农业防治**　加强肥水管理，合理修剪，增强树势，改变此虫趋弱树产卵为害的不良环境。

2. **清除虫源**　彻底去除被害枯枝蔓及病弱枝，集中销毁，以减少越冬虫源量。

3. **药剂防治**　在越冬代和第 1 代成虫产卵期，用低残留性的氯氰菊酯类杀虫剂喷雾，毒杀在藤蔓上爬行产卵的成虫。也可兼防其他蛀蔓类害虫。

十四　葡萄脊虎天牛

葡萄脊虎天牛 *Xylotrechus pyrrhoderus* Bates，又名虎天牛、虎斑天牛、枝干天牛等，属鞘翅目天牛科脊虎天牛属。

【分布与寄主】

国内分布于贵州、四川、浙江、江苏、安徽、湖北、河北、山东、河南、山西和陕西等省。国外分布于日本。主要为害葡萄。

【为害状】

以幼虫蛀食枝蔓，也为害衰弱植株的主蔓。将粪屑填满隧道，蛀孔外不吊挂蛀屑。虫量多时，导致树势衰退，以至寄主逐渐萎枯濒死。

葡萄脊虎天牛在枝条上的蛀孔　　葡萄脊虎天牛幼虫及其为害状

【形态特征】

1. 成虫

（1）雌成虫：体长 13~15 毫米，宽 4.0~4.5 毫米。体大部分黑色，前胸、中胸、后胸腹板、小盾片和腹板暗红色。头部粗糙，额脊不很明显，密布粗大刻点。触角丝状，后伸仅达鞘翅基部，共 11 节，除第 2 节外以端部 4 节最短小。前胸背板球形，布刻点粒。小盾片舌形。翅基部有 1 条由黄色绒毛组成的"X"形纹，中后部另有 1 条同色宽横带。腹部 1~3 腹板生浓密黄毛。后足腿节不超过腹末端。

（2）雄成虫：体稍小，长 8~12 毫米，后足腿节超过腹末端较多。

2. 卵　长约 1 毫米，宽约 0.2 毫米，乳白色，椭圆形，顶端稍尖细，较光滑。

3. 幼虫　体长 16~18 毫米，宽 5~6 毫米，乳白色。头小，上颚黑褐色，额面疏生短毛。前胸背板浅褐色，后缘具"山"字形细凹纹，无足。胴部各节背、腹板具明显的运动泡突，并疏生细小的黄褐色刚毛。

4. 蛹　体长 12~15 毫米，宽 4~5 毫米，初为浅黄白色，后呈黄褐色，近羽化呈时污黑褐色。腹面观前足、中足向中部抱握，触角呈"八"字形贴于前足基部，鞘翅在腹端第 2 节处，近乎靠临，后足胫节和跗节从后翅下露出。

【发生规律】

1 年发生 1 代，以低龄幼虫于被害枝内越冬。5 月开始活动为害，幼虫多向基部蛀食，至 7 月陆续老熟，多在接近断口处化蛹。8 月间羽化为成虫，卵散产于芽鳞缝隙内或芽和叶柄中间。卵期 5~6 天。初孵幼虫多从芽部蛀入茎内，粪便排于隧道内而不排出茎外，故不易发现，秋后以低龄幼虫越冬。落叶后在节的附近，被害处表皮变黑易于识别。

【防治方法】

结合修剪注意剪除有虫枝，消灭幼虫，主蔓内幼虫可用细铁丝刺杀，或注入 50% 敌敌畏乳油 1 000 倍液，毒杀幼虫；成虫发生期喷洒 50% 敌敌畏乳油 1 000~1 200 倍液，有良好效果。

十五 葡萄双棘长蠹

葡萄双棘长蠹 *sinoxylon* sp.，又名黑壳虫、戴帽虫，属鞘翅目长蠹科双棘长蠹属。

【分布与寄主】

国内分布于贵州和四川等省。根据著者多年来对贵州蠹虫标本的系统采集，目前仅发现为害葡萄。成虫和幼虫都可蛀食藤蔓，为害损失同样严重。由于蛀孔小，初期为害症状不明显，从幼虫到成虫都在枝条内部蛀食为害，为害期长。一旦发生，如不及时处理，就会造成重大损失，轻者减产 10%，重者减产 30%。

【为害状】

主要为害二年生枝条，受害枝蔓枯死。成虫多从节或芽下蛀

葡萄双棘长蠹引起新梢干枯

葡萄双棘长蠹引起新梢枯萎

入，产卵为害。仔细观察节部或节部芽基处，可见虫孔。蛀孔口常堆积新鲜的粪便，主蔓受害后，节间木质部被环食尽空，留下皮层，端部植株逐渐失水干枯，稍用力即从蛀孔处断离；一二年生枝蔓受害后，髓被蛀食，生长势弱，冬后大都失水死亡。

葡萄双棘长蠹成虫在葡萄枝节间蛀害状

【形态特征】

1. **成虫** 体长 5.2~5.4 毫米，宽 1.9~2.1 毫米，圆筒形，黑褐色。触角 10 节，端部 3 节膨大为栉片状，着生于复眼的内上角。复眼圆突，褐色。头隐于前胸背板下。前胸背板长大于宽，最宽处在基部，其长度等于鞘翅的 1/2，中部隆起，顶部后移，后 1/3 处向翅基部形成斜面，背板前缘至中部稍后处密布齿状突起。

2. **卵** 乳白色，椭圆形，大小为 0.4~0.6 毫米。

3. **幼虫** 老龄幼虫体长 4.9~5.2 毫米，宽 1.2~1.4 毫米，乳白色。上颚基部褐色，齿黑色。颅顶光滑，额面布长短相间的浅黄色刚毛，无足。可见体节 11 节，每体节背部呈 2 个皱突，侧面和腹末 2 节疏生长刚毛，其余各部疏生较短刚毛。

4. **蛹** 体长 4.8~5.2 毫米，宽 2.0~2.2 毫米，乳白色，后渐变乳黄色至浅黑色。从腹面观，口器伸达前胸节末端，颅顶和额面疏布浅黄色长短刚毛。

【发生规律】

贵州各地 1 年发生 1 代，以成虫越冬。成虫抗逆性很强，室内观察，在枯蔓干燥环境里，7 个月不食亦不会死亡。4 月中旬，越冬成虫开始活动，选择较粗大的蔓从节部芽基处蛀食。先在节部环蛀，仅留下少许木质部和皮层，此后继向上下节间蛀害，于其中产卵。每坑道产卵1~2粒，幼虫孵化后继续蛀害，植株端部逐渐枯萎。蛀孔外常排出成虫的新鲜粪屑，蛀孔圆形，借此可与天牛幼虫为害相区别，但又与透翅蛾幼虫蛀害状相似。5月上中旬为成虫交尾产卵期，新蛀的虫道内两性同居时间较长。5月中下旬至8月中旬为幼虫为害盛期。由于成虫产卵期长（卵量少），8月下旬仍可查到少量幼虫。初羽化的成虫体色浅，经一段时间补充营养，由黄褐色渐变为黑赤褐色。10月上中旬，新一代成虫选择一二年生小侧蔓蛀入，独居越冬。修剪的受害枝条、部分死亡的植株，堆放在葡萄园附近但未做处理，往往成为虫源的聚集地。

【防治方法】

防治上应以农业防治为主。

1. **农业防治**　结合冬季修剪，彻底剪除虫蛀枝和纤弱枝，集中处理，以防治越冬成虫。根据害虫蛀孔口常有新鲜粪屑堆积或有流胶现象这一特点，在冬剪时，将有上述症状的枝条剪除集中处理，以消灭越冬虫源；翌年开春上架捆绑枝蔓时，应仔细检查，是否有漏剪的被害枝蔓，如有则及时把虫害枝蔓剪除集中处理；葡萄长出4~5片叶后，对枝蔓再进行一次认真检查，对受害不能发芽的枝条进行剪除。经过三次认真检查，能够把虫口基数降到最低水平，可达到理想的防治效果。

2. **化学防治**　发病严重的葡萄园，在5月成虫活动期，结合防治葡萄的其他病虫害进行施药防治，把茎秆、枝蔓喷透，触杀成虫。可用2.5%三氟氯氰菊酯乳油3 000倍液，或10%吡虫啉可湿性粉剂2 000倍液喷施，或2.0%阿维菌素乳油5 000倍液喷施，以杀灭成虫、幼虫。若发现主蔓节部有新鲜的粪便排出，可用注射器从蛀孔注射 80% 敌敌畏 50 倍液少许，并用泥封住虫孔，以熏杀成虫和幼虫。

十六　葡萄卷叶象甲

葡萄卷叶象甲 *Byctiscus lacuaipennis* Jekel，又名葡萄金象甲，属鞘翅目卷象科。

【分布与为害】

已知我国的东北地区、河北、河南、陕西、江苏、安徽、广东、广西、四川、云南等有分布；国外日本、朝鲜有发生。食害葡萄叶片。近几年在部分葡萄园为害尤为严重，有的葡萄树80%以上的叶片

葡萄卷叶象甲成虫

葡萄卷叶象甲成虫为害叶片成孔洞

葡萄卷叶象甲卷叶为害状

1对葡萄卷叶象甲成虫（1）

1对葡萄卷叶象甲成虫（2）　　葡萄卷叶象甲在卷叶内产卵

被卷，严重削弱树势，影响其产量和质量。

【为害状】

成虫出土后会食害叶片，被害叶片的下面叶肉被啃食成宽约1.5毫米、长数毫米不等的条状虫口。开始产卵前，先将叶柄或嫩梢基部输导组织咬伤，咬折后的叶片卷成筒装，一片或几片叶卷成一卷，边卷边将卵产在卷叶内。

【形态特征】

1. **成虫**　体长约8毫米，头向前延伸呈象鼻状，虫体色泽有蓝紫色、蓝绿色、豆绿色，有红色金属光泽。鞘翅密布成排的点刻。雄成虫胸前两侧各有一个尖锐的伸向前方的刺突。

2. **卵**　长约1毫米，椭圆形，乳白色，半透明。

3. **幼虫**　长约7~8毫米，头棕褐色，全身乳白色，微弯曲。

4. **蛹**　裸蛹，略呈椭圆形。

【发生规律】

河南省西部地区1年发生1代，越冬成虫在4月下旬出土，5月上中旬为成虫出土盛期。成虫出土后啃食叶片，4～6天后开始交尾、卷叶、产卵。每一叶卷一般产卵4～8粒，叶片接合处用黏液粘住。卵期6～11天，幼虫在卷叶中食害，卷叶干枯后落地。幼虫6月末开始入土，在地表5 cm深处做一圆形土窝，

8月上旬在土窝中化蛹，蛹期 7 ~ 8 天。8 月中旬为羽化盛期，8月下旬成虫开始出土啃食叶片。9 月下旬，成虫陆续入土或在杂草中越冬。

【**防治方法**】

1. **防治成虫**　成虫产卵期，振落消除成虫。

2. **防治卵和幼虫**　彻底摘除被害卷叶，集中销毁。

3. **药剂防治**　5 月初、5 月中旬成虫产卵卷叶前各喷一次杀虫剂即可。

十七　黑腹果蝇

黑腹果蝇也称黑尾果蝇 *Drosophila melanogaster*，属双翅目果蝇科。

【分布与寄主】

它是一种原产于热带或亚热带的蝇种，分布于全世界各地，在北方可以室内越冬。寄生近于腐烂的多种水果蔬菜。为害葡萄、桃、李子、苹果等果实。

黑腹果蝇幼虫为害葡萄果粒（1）

黑腹果蝇幼虫为害葡萄果粒（2）

黑腹果蝇幼虫

黑腹果蝇成虫

黑腹果蝇成虫放大图

【为害状】

成虫雌蝇将卵产在酸腐的葡萄上，幼虫使葡萄腐烂加剧。葡萄果实成熟期如果与黑腹果蝇的发生期相遇，因成熟葡萄果实散发出的甜味对黑腹果蝇有很强的吸引力，所以部分果园此虫为害严重。

【形态特征】

1. 成虫　雄虫体长 2.5~2.8 毫米，体淡黄色，复眼鲜红色，周围具微毛，头部有许多刚毛；触角浅褐色，分 3 节，芒羽状，第 3 节深褐色，上面 5 分叉，下面 3 分叉；先端分叉或不分叉；胸部颜色稍深，长满细刚毛，两侧刚毛各 2 根，背肋刚毛 2 根，背中央刚毛 4 根，背下端具有凸起呈倒三角形的角质鳞片，鳞片上有 4 根刚毛；翅呈半椭圆形，平衡棒白色。腹部 5 节，4、5 两节通黑，腹末端稍弯，圆锥形。雄成虫前肢先端第 2 节具有 1 束性梳。雌虫体长 3.2~3.8 毫米，腹部 6 节，腹背面每节末端黑色长满刚毛，形成 5 条明显的斑纹，尾节黑色，稍尖，末端有圆柱状导卵器，两侧具刚毛状刺，呈"V"形排列，其余特征同雄虫。

2. **幼虫**　蛆状，长 3.0~4.3 毫米，体色依所食用的果肉汁液颜色而变，一般白色，食用红色果肉汁液的幼虫体色加深，变为淡红褐色；前端圆锥形，头小，有明显的黑色锉状口钩。

3. **蛹**　长 3.1~3.8 毫米，红褐色，前面有 1 对 1.2~1.5 毫米的触角。

4. **卵**　大小为（0.5~0.6）毫米 ×（0.2~0.3）毫米，前面有 1 对细长丝状触角，与卵等长，约呈 60 度夹角。

【发生规律】

黑腹果蝇一年可发生十几代，以蛹在土中深 1~3 厘米处的烂果或果壳内越冬，成虫全年活动达 8 个月，春季气温 15 ℃以上出现成虫。一般在 5 月下旬，黑腹果蝇开始在果实上产卵，成熟度越高的果实为害越严重。每头成虫每次产卵 350~400 粒。成虫产卵在果皮下，一般 3~5 天卵孵化为幼虫。受害初期不易发觉，随着幼虫蛀食果肉，果实逐渐软化、变褐、腐烂，幼虫在果实内为害 5~6 天脱落化蛹。在 25 ℃黑腹果蝇卵、幼虫、蛹的发育历期分别为（1.08 ± 0.19）天、（4.39 ± 0.43）天、（3.9 ± 0.25）天。成虫交尾时间集中在 21：30~23：00，持续 5~20 分钟，交尾后具有梳理行为。并常将卵产在果肉边缘的坡面上，每次产 2~8 粒。幼虫喜在葡萄梗、器皿壁等较硬场所化蛹。羽化时间集中在 4：30~7：30。成虫对不同水果的嗜好程度从强到弱依次是葡萄、苹果、香蕉、桃、梨；而对巨峰、马奶、无核白、红地球等葡萄品种的嗜好程度无显著性差异，但葡萄损伤时间影响其嗜好程度，对损伤 3 天和 4 天的葡萄嗜好程度显著高于损伤 2 天的葡萄，也都极显著高于损伤 1 天的葡萄。幼虫对葡萄和香蕉嗜好程度显著高于梨、桃和苹果，对红提的嗜好程度显著高于巨峰、马奶、无核白品种。

【防治方法】

1. 人工防治　葡萄成熟前，清除果园内腐烂水果；葡萄成熟期及时清理落果、裂果、病虫果及其他残次果。

2. 物理防治　利用糖醋液等诱杀果蝇成虫。糖醋液各成分比例为敌百虫 1 份、糖 5 份、醋 10 份、水 20 份。把 1 千克糖醋液放入塑料盆中，悬挂于树下阴凉处，每亩 10~15 处，多数悬挂于接近地面处，少数悬挂于距地面 1 米和 1.5 米处。每天捞出诱到的成虫深埋处理，定期补充诱杀液，使其始终保持原浓度。

3. 化学防治

（1）树上防治：在防治园悬挂糖醋液的同时，树上喷施纯植物性杀虫剂 0.6% 苦内酯水剂 1 000 倍液 1 次，6 月 1 日左右重喷 1 次。喷施药液中加入配制好的 3% 糖醋液。喷施时每株树重点喷施内膛部分。

（2）地面防治：采取树上防治的同时，在果园地面、地埂杂草丛生处，喷施无公害杀虫剂；第一次施药后每间隔 10 天重喷上述药剂 1 次。可选农药有 2.0% 阿维菌素乳油 4 000 倍液、46% 毒死蜱乳油 1 500 倍液。喷药时仅喷杂草丛生处，无草地面可以不喷。每次喷施药液中同样加入 3% 糖醋液。

4. 葡萄套袋　葡萄套袋防止成年雌蝇产卵。

十八　桃蛀螟

桃蛀螟 *Conogethes punctifemlis* Grenee，又名豹纹斑螟，属鳞翅目螟蛾科。

【分布与寄主】

我国南北方都有分布。幼虫为害桃、梨、苹果、杏、李、石榴、葡萄、山楂、板栗、枇杷等果树的果实，还为害向日葵、玉米、高粱等农作物，是一种杂食性害虫。

桃蛀螟幼虫为害葡萄果粒（1）

桃蛀螟幼虫为害葡萄果粒（2）

桃蛀螟幼虫在葡萄果粒内为害状

桃蛀螟成虫

【为害状】

幼虫蛀食果肉及幼嫩种子，蛀孔外分泌黄褐色透明胶液，并黏附红褐色颗粒状虫粪。被害果穗葡萄白腐病发病率高。

【形态特征】

1. 成虫　体长 9~14 毫米，全体黄色，前翅散生 25~28 个黑斑。雄虫腹末黑色。

2. 卵　椭圆形，长约 0.6 毫米，初产时乳白色，后变为红褐色。

3. 幼虫　老熟时体长 22~27 毫米，体背暗红色，身体各节有粗大的褐色毛片。腹部各节背面有 4 个毛片，前两个较大，后两个较小。

4. 蛹　长 13 毫米左右，黄褐色，腹部第 5~7 节前缘各有 1 列小刺，腹末有细长的曲钩刺 6 枚。茧灰褐色。

【发生规律】

我国从北到南，1 年可发生 2~5 代。河南 1 年发生 4 代，以老熟幼虫在树皮裂缝、僵果、玉米秆等处越冬。翌年 4 月中旬，老熟幼虫开始化蛹。各代成虫羽化期为：越冬代在 5 月中旬，第 1 代在 7 月中旬，第 2 代在 8 月上中旬，第 3 代在 9 月下旬。成虫白天在叶背静伏，晚间多在两果相连处产卵。幼虫孵出后，多从萼洼蛀入，可转害 1~3 个果。化蛹多在萼洼处、两果相接处和枝干缝隙处等，结白色丝茧。

【测报方法】

1. 成虫发生期测报　利用黑光灯或糖醋液诱集成虫，逐天记录诱集蛾数。

2. 性外激素的利用　利用顺、反 -10- 十六碳烯醛的混合液诱集雄蛾。

【防治方法】

1. 清除越冬幼虫　冬春季清除玉米、高粱、向日葵等遗株，并将桃树等果树老翘皮刮净，集中处理，以减少虫源。

2. 套袋　用牛皮纸套袋防蛀果。

3. 药剂防治　在进行化学防治前，应做好预测预报。可利用黑光灯和性诱剂预测蛾发生高峰期，在成虫产卵高峰期、卵孵化盛期适时施药。不套袋的果园，要在第1、第2代成虫产卵高峰期喷药。首选药剂为氯氟氰菊酯、高效氯氰菊酯、杀螟硫磷、灭幼脲。有效药剂还有溴氰菊酯、甲氰菊酯、联苯菊酯、毒死蜱、丙溴磷、辛硫磷、氰戊菊酯等。

4. 生物防治　生产上利用一些商品化的生物制剂，如昆虫病原线虫、苏云金杆菌和白僵菌来防治桃蛀螟。用100亿孢子/克的白僵菌50~200倍液防治桃蛀螟，有很好的控制作用。释放赤眼蜂防治桃蛀螟，每亩每次释放3万头。

十九 甜菜夜蛾

甜菜夜蛾 *Spodoptera exigua* Hübner，别名贪夜蛾，属鳞翅目夜蛾科。为多食性、易暴发成灾的害虫，主要为害十字花科、茄科、豆类等蔬菜作物。

【为害状】

以幼虫蚕食或剥食叶片造成为害，还可钻蛀豆荚。低龄时常群集在心叶中结网为害，然后分散为害叶片。

甜菜夜蛾成虫

甜菜夜蛾幼虫为害葡萄叶片

【形态特征】

1. **成虫** 体长 10~14 毫米，翅展 25~33 毫米，灰褐色。前翅内横线、亚外缘线灰白色。外缘有一列黑色的三角形小斑，肾形纹、环形纹均为黄褐色，有黑色轮廓线。后翅银白色，翅缘灰褐色。

2. **幼虫** 体色多变，常见为绿色、墨绿色，也有黑色个体，但气门浅白色，在气门后上方有一白点，体色越深，白点越明显。

3. **卵** 圆馒头形，直径 0.2~0.3 毫米，白色，常数十粒在一起，呈卵块状，卵块上覆有雌蛾腹端的绒毛。

4. **蛹** 长约 10 毫米，黄褐色。

【发生规律】

每年发生 4~5 代，以蛹在土中越冬。当土温升至 10 ℃以上时，蛹开始孵化。在长江以南地区周年均可发生。在北方，7月以后发生严重，尤其是 9~10 月。成虫昼伏夜出，取食花蜜，具强烈的趋光性。产卵前期 1~2 天。卵产于叶片、叶柄或杂草上。以卵块产下，卵块单层或双层，卵块上覆白色毛层。单雌产卵量一般为 100~600 粒，多者可达 1 700 粒。卵期 3~6 天。幼虫 5 龄，少数 6 龄，1~2 龄时群聚为害，3 龄以后分散为害。低龄时常聚集在心叶中为害，并结丝拉网，给防治带来了很大的困难。4 龄以后昼伏夜出，食量大增，有假死性，振后即落地。当数量大时，有成群迁移的习性。幼虫在食料缺乏时有自相残杀的习性。老熟后入土做室化蛹。

【防治方法】

1. **农业措施** 人工摘除卵块，晚秋或初春对发生严重的田块进行深翻，以消灭越冬蛹。

2. **药剂防治** 甜菜夜蛾具较强的抗药性，在幼虫 2 龄期以前喷药时要注意喷施到心叶中去。可用 5% 氟铃脲乳油 2 000 倍液，或 20% 除虫脲胶悬剂 500 倍液，或 50% 杀螟松乳油 1 000 倍液，或 50% 巴丹可湿性粉剂 1 000 倍液，或 5% 氟虫腈悬乳剂 2 000 倍液，或 50% 丁醚脲可湿性粉剂 2 000 倍液，或 20% 抑食肼可湿性粉剂 1 000 倍液，或 10% 醚菊酯悬乳剂 700 倍液等药剂喷雾防治。

二十　斜纹夜蛾

　　斜纹夜蛾 *Prodenia litura*（Fabricius），又称莲纹夜蛾，俗称夜盗虫、乌头虫，属鳞翅目夜蛾科。为一类杂食性和暴食性害虫，为害寄主相当广泛，除十字花科蔬菜外，还可为害包括瓜、茄、豆、葱、韭菜、菠菜，以及粮食、经济作物等近100科300多种植物。本虫世界性分布。国内各地都有发生，主要发生在长江、黄河流域。

【为害状】

　　以幼虫咬食叶片、花蕾、花及果实，初龄幼虫啮食叶片下表皮及叶肉，仅留上表皮呈透明斑；4龄以后进入暴食期，咬食叶片，仅留主脉。

斜纹夜蛾为害葡萄叶片形成的虫斑

斜纹夜蛾幼虫为害葡萄叶片

【形态特征】

1. 成虫　体长 14~20 毫米，翅展 35~46 毫米，体暗褐色，胸部背面有白色丛毛，前翅灰褐色，花纹多，内横线和外横线白色、呈波浪状、中间有明显的白色斜阔带纹，所以称斜纹夜蛾。

2. 卵　扁平的半球状，初产时黄白色，后变为暗灰色，块状黏合在一起，上覆黄褐色茸毛。

3. 幼虫　老熟幼虫体长 35~47 毫米，头部黑褐色，胴部体色因寄主和虫口密度不同而异；土黄色、青黄色、灰褐色或暗绿色，背线、亚背线及气门下线均为灰黄色及橙黄色。从中胸至第 9 腹节在亚背线内侧有三角形黑斑 1 对，其中以第 1、7、8 腹节的最大，胸足近黑色，腹足暗褐色。

4. 蛹　长 15~20 毫米，赭红色，腹部背面第 4~7 节近前缘处各有小刻点。臀棘短，有一对强大而弯曲的刺，刺的基部分开。

【发生规律】

该虫 1 年发生 4 代（华北）~9 代（广东），一般以老熟幼虫或蛹在田基边杂草中越冬，广州地区无真正越冬现象。在长江流域以北的地区，该虫冬季易被冻死，越冬问题尚未定论，推测当地虫源可能从南方迁飞过去。长江流域多在7~8月大发生，黄河流域则多在8~9月大发生。成虫夜出活动，飞翔力较强，具趋光性和趋化性，对糖、醋、酒等发酵物尤为敏感。卵多产于叶背的叶脉分叉处，以茂密、浓绿的作物产卵较多。堆产，卵块常覆有鳞毛而易被发现。初孵幼虫具有群集为害习性，3龄以后则开始分散，老龄幼虫有昼伏性和假死性，白天多潜伏在土缝处，傍晚爬出取食，受惊就会落地蜷缩作假死状。当食料不足或不当时，幼虫可成群迁移至附近田块为害，故又有"行军虫"之称。斜纹夜蛾发育适温为29~30℃，一般高温年份和季节有利于其繁殖发育，低温则易引致虫蛹大量死亡。该虫食性虽杂，但食料情况（包括不同的寄主，甚至同一寄主不同发育阶段或器官，以及食料的丰缺）对其生育繁殖都有明显的影响。间种、复种指数高或过度密植的田块都有利于其发生。

斜纹夜蛾是一种喜温暖而又耐高温的间歇猖獗为害的害虫。各虫态的发育适温为28~30℃，但在高温（33~40℃）下，生活也基本正常。抗寒力很弱。在冬季0℃左右的长时间低温下，基本上不能生存。斜纹夜蛾在长江流域各地为害盛期在7~9月，也是全年中温度最高的季节。

【防治方法】

1. **农业防治**　清除杂草，收获后翻耕晒土或灌水，以破坏或恶化其化蛹场所，有助于减少虫源。结合管理随手摘除卵块和群集为害的初孵幼虫，以减少虫源。

2. **诱杀防治**

（1）点灯诱蛾。利用成虫趋光性，于盛期点黑光灯诱杀。

（2）糖醋诱杀。利用成虫趋化性配糖醋液（糖：醋：酒：水 ＝ 3：4：1：2）加少量敌百虫诱蛾。

3. **药剂防治**　交替喷施 50% 氰戊菊酯乳油 4 000~6 000 倍液，或 2.5% 氯氟氰菊酯 1 000 倍液，或 10.5% 甲维·氟铃脲水分散粒剂 1 000~1 500 倍液，或 20% 虫酰肼悬浮剂 2 000 倍液，均匀喷施。

注意药剂轮换使用，不要随意提高药剂使用浓度；提倡在傍晚用药，均匀喷雾，田间施药时要加强自身防护。

二十一 葡萄天蛾

葡萄天蛾 *Ampelophaga rubiginosa* Bremer et Grey，又名车天蛾，属于鳞翅目天蛾科。

【分布与寄主】

已知分布在辽宁、吉林、黑龙江、河北、山东、河南、山西、陕西、江苏、湖北、湖南、江西等地。仅为害葡萄。

【为害状】

以幼虫食害葡萄叶片，低龄幼虫食成缺刻与孔洞，稍大便将叶片食尽，残留部分粗脉和叶柄，严重时可将叶吃光。

葡萄天蛾低龄幼虫

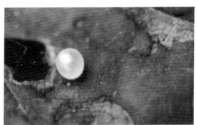

葡萄天蛾卵

葡萄天蛾幼虫（褐色型）

葡萄天蛾幼虫静止状

【形态特征】

1. **成虫** 体长 45 毫米左右，翅展 90 毫米左右，体肥大呈纺锤形，体翅茶褐色，背面色暗，腹面色淡，近土黄色。体背中央自前胸到腹端有 1 条灰白色纵线，复眼后至前翅基部有 1 条灰白色较宽的纵线。

2. **卵** 球形，直径 1.5 毫米左右，表面光滑。淡绿色，孵化前为淡黄绿色。

3. **幼虫** 老熟时体长 80 毫米左右，绿色，背面色较淡。体表布有横条纹和黄色颗粒状小点。头部有两对近于平行的黄白色纵线，分别位于蜕裂线两侧和触角之上，均达头顶。第 1~7 腹节背面前缘中央各有 1 个深绿色小点，两侧各有 1 条黄白色斜短线，于各腹节前半部，呈"八"字形。腹节、气门红褐色。臀板边缘淡黄色。化蛹前有的个体呈淡茶褐色。

4. **蛹** 体长 49~55 毫米，长纺锤形。初为绿色，背面逐渐呈棕褐色，腹面暗绿色。足和翅脉上出现黑点，断续成线。头顶有 1 个卵圆形黑斑。

【发生规律】

1 年发生 1~2 代。以蛹于表层土内越冬。在山西晋中地区，翌年 5 月底至 6 月上旬开始羽化，6 月中下旬为发生盛期，7 月上旬为发生末期。成虫白天潜伏，夜晚活动，有趋光性，于葡萄株间飞舞。卵多产于叶背或嫩梢上，单粒散产。每只雌蛾一般可产卵 400~500 粒。成虫寿命 7~10 天。6 月中旬田间始见幼虫，初龄幼虫体绿色，头部呈三角形、顶端尖，尾角很长，端部褐色。孵化后不食卵壳，多于叶背主脉或叶柄上栖息，夜晚取食，白天静伏，栖息时以腹足抱持枝或叶柄，头胸部收缩稍扬起，后胸和第 1 腹节显著膨大。受触动时，头胸部左右摆动，口器分泌出绿水。幼虫活动迟缓，一枝叶片食光后再转移邻近枝。幼虫期40~50天。7月下旬开始陆续老熟入土化蛹，蛹期10天以上。8月上旬开始羽化，8月中下旬为发生盛期，9月上旬为发生末期。8月中旬田间见第2代幼虫为害至9月下旬，老熟后入土化蛹越冬。

【防治措施】

1. **人工防治**　结合葡萄冬季埋土和春季出土挖除越冬蛹。结合夏季修剪等管理工作，寻找被害状和地面虫粪捕捉幼虫。

2. **药剂防治**　在低龄幼虫期，虫口密度大时，可喷施下列药剂：8 000国际单位/毫克苏云金杆菌可湿性粉剂400倍液，或80％敌敌畏乳油1 000倍液，或50％辛硫磷乳油1 500倍液，或20％氰戊菊酯乳油2 500倍液，或10％氯氰菊酯乳油2 500倍液，或90％晶体敌百虫1 000倍液，或50％马拉硫磷乳油1 500倍液，或50％杀螟硫磷乳油1 500倍液，或25％灭幼脲胶悬剂1 500倍液等。

二十二　雀纹天蛾

雀纹天蛾 *Theretra japonica* Orza，又名日斜天蛾、小天蛾、葡萄斜条天蛾、爬山虎天蛾，属鳞翅目天蛾科。

【分布与寄主】

分布于黑龙江、吉林、辽宁、河北、山东、山西、河南、安徽、台湾以及长江流域等地。幼虫为害葡萄、蛇葡萄、常春藤、白粉藤、虎耳草、爬山虎、绣球花等植物的叶。

【为害状】

低龄幼虫食成缺刻与孔洞，稍大常将叶片吃光，残留叶柄和粗脉。

雀纹天蛾幼虫

【形态特征】

1. **成虫**　体长 27~38 毫米，翅展 59~80 毫米，体绿褐色，体背略呈棕褐色。头、胸部两侧及背部中央有灰白色茸毛，背线两侧有橙黄色纵线，腹部两侧橙黄色。前翅黄褐色或灰褐色微带绿色，后缘中部白色，中室上有 1 个小黑点，翅顶至后缘有 6~7 条暗褐色斜线。

2. **卵**　短椭圆形约 1.1 毫米，淡绿色。

3. **幼虫**　体长约 70 毫米，有褐色与绿色两种色型。①褐色型：全体褐色，背线淡褐色，第 2 腹节以后不明显，亚背线色浓，后部色较深，于尾角两侧相合，后胸亚背线上有 1 个黄色小点，第 1~2 腹节亚背线上各有 1 个较大的眼状纹，中心为赤褐色圆点，圆点外为黄色，最外边为黑褐色，第 1 腹节者较大，第 3 腹节亚背线上有 1 个稍大的黄色斑纹，其外缘略呈紫褐色，第 1~7 腹节两侧各有 1 条暗色向后方伸的斜带，尾角细长而弯曲，赤褐色，上面微带黑色，胸足赤褐色。②绿色型：全体绿色，背线明显，亚背线白色、其上方浓绿色，其他斑纹同褐色型。

4. **蛹**　长 36~38 毫米，茶褐色，被细刻点。第 1、第 2 腹节背面和第 4 腹节以下的节间黑褐色，臀刺较尖、黑褐色，气门黑褐色。

【发生规律】

1 年发生 1 代，以蛹于土中越冬。翌年 6~7 月羽化，成虫昼伏夜出，黄昏开始活动，喜食花蜜。卵散产于叶背。幼虫孵化后取食叶肉成孔洞，稍大食成缺刻，随幼虫生长而常将叶片吃光、只残留叶柄，白天静栖枝或叶柄上，夜晚活动取食。幼虫为害期为 7~8 月。老熟后潜入表土层化蛹，以 5~10 厘米深土层内为多。

【防治方法】

参照葡萄天蛾。

二十三　红缘灯蛾

红缘灯蛾 *Amsacta lactinea* Cramer，又名红边灯蛾，属鳞翅目灯蛾科。

【分布与寄主】

国内华北、华东、华南地区及陕西有分布。该虫食性杂，可为害葡萄、苹果、豆类、玉米等 100 多种植物。

【为害状】

幼虫取食叶片成缺刻或孔洞，严重时把叶吃光。

红缘灯蛾幼虫为害葡萄叶片

【形态特征】

1. **成虫**　体、翅白色，前翅前缘及头部红色。

2. **卵**　半球形，初产时黄白色。

3. **幼虫**　低龄幼虫体黄色，体毛较稀，老熟幼虫密被红褐色或黑色长毛。

4.**蛹**　黑褐色，有光泽。

【**发生规律**】

在河南1年发生1代，以蛹越冬。翌年5~6月羽化，将卵成块产于叶背。7~8月幼虫为害寄主植物，1~2龄幼虫取食叶面呈孔洞状，3龄后食害叶片呈缺刻状。9月中下旬幼虫入土结茧化蛹越冬。

【**防治方法**】

夏秋季防治其他果树害虫时，可兼治此虫。

二十四 葡萄虎蛾

葡萄虎蛾 *Seudyra subflava* Moore，又名葡萄虎斑蛾、葡萄黏虫、葡萄狗子、老虎虫、旋棒虫，属鳞翅目虎蛾科。

【分布与寄主】

分布于黑龙江、辽宁、河北、山东、河南、山西、湖北、江西、贵州、广东等地。寄主有葡萄、常春藤、爬山虎。

【为害状】

幼虫食害葡萄、常春藤、爬山虎的叶成缺刻与孔洞，严重时仅残留叶柄和粗脉。

葡萄虎蛾幼虫 葡萄虎蛾成虫

【形态特征】

1. **成虫** 体长 18~20 毫米，翅展 44~47 毫米，头胸部紫棕色，腹部杏黄色，背面中央有 1 纵列棕色毛簇达第 7 腹节后缘。前翅灰黄色带紫棕色散点，前缘色稍浓，后缘及外线以外暗紫色，其上带有银灰色细纹，外线经内的后缘部分色浓，外缘有灰细线，中部至臀角有 4 个黑斑，内、外线灰色至灰黄色，肾纹、环纹黑色，外围有灰黑色边。后翅杏黄色、外缘有 2 条紫黑色宽带，臀角处有 1 个橘黄色斑，中室有 1 个黑点，外缘有橘黄色细线。下唇须基部、体腹面及前、后翅反面均为橙黄色，前翅肾纹、环纹呈暗紫色点，外缘为淡暗紫色宽带。

2. 幼虫 前端较细，后端较粗，第 8 腹节稍有隆起。头部橘黄色，有黑色毛片形成的黑斑，体黄色散生不规则的褐斑，毛突褐色，前胸盾片和臀板橘黄色，上有黑褐色毛突，臀板上的褐斑连成 1 个横斑，背线黄色较明显，胸足外侧黑褐色，腹足金黄色，基部外侧具有黑褐色块，趾钩单序中带。气门椭圆形黑色，第 8 腹节气门比第 7 腹节约大 1 倍。

3. 蛹 长 16~18 毫米，暗红褐色。体背、腹面满布微刺，头部额较突出。

【发生规律】

辽宁、华北地区每年发生 2 代，以蛹于土中越冬，多在葡萄根附近或架下尤其腐烂木头下较多。5 月下旬开始羽化，卵产于叶上。幼虫 6 月中下旬开始出现，常群集食叶成孔洞与缺刻，至 7 月中旬前后陆续老熟入土化蛹，以蛹越冬。幼虫受触动时口吐黄水。老熟时入土做 1 个土茧于其内化蛹。

【防治方法】

1. 人工防治 结合葡萄埋土与出土挖越冬蛹，结合整枝捕捉幼虫。

2. 药剂防治 幼虫期喷洒 25% 灭幼脲悬浮剂 2 000 倍液或 25% 氟虫脲乳油 2 000 倍液。

二十五　长脚胡蜂

长脚胡蜂 *Polistes chinensis antennalis* Perez，又名二纹长脚蜂，属膜翅目胡蜂科。

【分布与寄主】

分布于河北、河南、山西、浙江、湖南等地。为害葡萄、梨、苹果等果实。

【为害状】

成虫啮食果实成空壳状。

长脚胡蜂为害葡萄果粒

长脚胡蜂成虫为害葡萄状

【形态特征】

1. **成虫** 体长 17 毫米，细长。头部黑褐色，触角膝状，12 节，鞭节黄褐色。胸部黑褐色，各骨片接连部黄色，小盾片和后胸背面各有 1 个黄色横斑。腹部黑褐色，第 1 节（并胸膜节）背面两侧各有 1 个黄色肾形斑，以下各节后缘有黄色横带，第 3 腹节黑褐色部两侧各有 1 个黄色椭圆形斑纹为其明显特征，故有"二纹长脚蜂"之称。翅膜质半透明，淡黄色，前翅前缘色略深，翅脉色浓。足腿节端半部以下褐色，余部黑色。

2. **幼虫** 体长约 17 毫米，肥胖略呈长椭圆形。头部淡黄褐色，胴部乳白至淡黄白色，无足。

3. **蛹** 体长约 17 毫米，裸蛹，初乳白色，后色渐浓，复眼变黑，羽化前体呈暗褐至黑褐色。

【发生规律】

以成虫越冬。春季开始活动，多于屋檐下、树枝干等处做扁平重叠的巢，从春到秋雌虫陆续产卵于各小室内，幼虫孵化后即于室内生活，成虫猎捕各种软体昆虫并为害果实，被害果常腐烂脱落，对产量与品质影响甚大。该虫前期可捕食许多害虫可作为益虫，后期又为害各种果树的果实，被认为是害虫。

【防治方法】

1.**摘除蜂巢**　在水果成熟前及早摘除果园附近 1 千米内蜂巢，是防治胡蜂为害水果的最根本的方法。晚上可用竹竿绑草把烧蜂巢，或用纱布网袋捅蜂巢。在处理蜂巢时要注意人身安全。

2.**诱杀法**　可用烂果汁配成诱杀液。把诱杀液盛放在碗内、广口瓶内，挂在成熟的果树上，1 个诱杀瓶 1 天可诱杀数十头至百余头胡蜂。此外，喷布毒死蜱有一定驱避作用。

二十六 葡萄红叶螨

葡萄红叶螨 *Tetranychus telanus* Linnaeus，又名棉红蜘蛛、火蜘蛛、火龙，属蛛形纲蜱螨目叶螨料。

【分布与寄主】

全国各地均有分布，北方较重。为害蔷薇科果树、葡萄、桑、槐、棉、瓜类、豆类、谷类、茄子、苦苣、夏枯草等百余种植物。成螨、幼螨、若螨群集叶背、嫩梢吸食汁液。被害叶出现黄白色失绿斑点。

【形态特征】

1.**成螨** 体色多变，有浓绿、褐绿、黑褐、橙红等色，一般常带红色或锈红色。体背两侧各有 1 块红色长斑，有时斑中部色淡，分成前后 2 块。体背有刚毛 22 根，排成 6 横排，由前向后各排数目为 2、4、6、4、4、2 根，足 4 对。雌螨体长 0.42~0.59

葡萄红叶螨为害叶片失绿斑点

葡萄红叶螨在叶背为害

毫米，椭圆形，多为深红色，也有黄棕色的，越冬者橙黄色，较夏型肥大。雄螨体长约0.26毫米，近卵圆形，前端近圆形，腹末较尖，多呈鲜红色。

2. **卵** 球形，直径约为0.13毫米，光滑，初无色透明，渐变橙红色，将孵化时呈现红色眼点。

3. **幼螨** 初孵时近圆形，直径约0.15毫米，无色透明，取食后变暗绿色，眼红色，足3对。前期若螨约0.21毫米，近卵圆形，足4对，色变深，体背出现色斑。后期若螨直径约0.36毫米，黄褐色，与成螨相似。雄性无后期若螨阶段，前期若螨蜕皮后即为雄成螨。

【发生规律】

南方1年发生20代以上，北方发生12~15代。北方以雌成螨在土缝、枯枝落叶下或夏枯草等宿根性杂草的根际以及树皮缝等处吐丝结网潜伏越冬。2月平均温度达5~6℃时越冬雌虫开始活动，3月平均温度达6~7℃时开始产卵繁殖。卵期10天以上。成螨开始产卵至第1代幼虫孵化盛期需20~30天。以后世代重叠。随气温升高，孵化时间变短，在23℃时完成1代仅13天，26℃时8~9天，30℃以上时6~7天。越冬雌螨出蛰后多集中在早春寄主（主要是宿根性杂草）上为害繁殖，待果树林木发芽，农作物出苗后便转移为害。6月中旬至7月中旬为为害盛期。进入雨季虫口密度迅速下降，为害基本结束，如后期仍干旱可再度猖獗为害，至9月气温下降陆续向杂草上转移，10月陆续越冬。行两性生殖，不交尾也可产卵，未受精的卵孵出均为雄虫。每头雌螨可产卵50~110粒。喜群集叶背主脉附近并吐丝结网于网下为害，大发生或食料不足时常千余头群集叶端成一团。有吐丝下垂、借风力扩散传播的习性。高温低湿时适于发生。

【防治方法】

秋后清除枯枝落叶深埋，秋深耕、冬灌均可消灭大量越冬雌螨；果园内不种红蜘蛛寄主植物并铲除杂草，可减少发生。葡萄红叶螨发生初期，可喷施 50% 四螨嗪悬浮剂 2 000 倍液，或 5% 唑螨酯悬浮剂 2 500 倍液，或 1.8% 阿维菌素乳油 3 000 倍液，或 15% 哒螨灵乳油 1 500 倍液。

二十七　葡萄瘿螨

葡萄瘿螨 *Colomerus vitis*（Pagenstecher），又名葡萄潜叶壁虱、葡萄锈壁虱，属蜱螨目瘿螨科。

【分布与寄主】

主要分布在辽宁、河北、河南、山东、山西、陕西等省。

【为害状】

被害植株叶片萎缩，发生严重时也能为害嫩梢、嫩果、卷须、花梗等，使枝蔓生长衰弱，产量减低。被害叶片最初于叶的背面发生苍白色病斑，以后逐渐表面隆起。叶背发生时茸毛为灰白色，逐渐变为茶褐色，最后呈黑褐色。受害严重时，病叶皱缩、变硬，表面凹凸不平。

葡萄瘿螨为害叶片、叶背，产生褐色茸毛

葡萄瘿螨为害叶片，叶面有隆起

【形态特征】

成虫圆锥状，白色。具多数环节，体长 0.1~0.3 毫米。近头部生有 2 对足，腹部细长，尾部两侧各生有 1 根细长的刚毛。雄虫略小。卵椭圆形，淡黄色，长约 30 微米。

【发生规律】

葡萄瘿螨以成虫在芽鳞或被害叶内越冬。翌年春天随着芽的开放，瘿螨由芽内爬出，随即钻入叶背茸毛底下吸取汁液，刺激叶片，使茸毛增多，并不断繁殖扩大为害。起初于叶背发生苍白色斑点，但幼嫩叶片被害部呈茶褐色，不久被害部向叶面鼓出，叶背生灰白色茸毛，以 6~7 月为害最烈。

【防治方法】

1. **清除果园**　秋后彻底清扫果园，收集被害叶深埋。在葡萄生长初期，发现有被害叶时，也应立即摘掉深埋，以免继续蔓延。

2. **药剂防治**　早春葡萄芽膨大时，喷 3~5 波美度石硫合剂，防治潜伏芽内的瘿螨，这次喷药是防治的关键时期。若历年发生严重，发芽后可喷 0.3~0.5 波美度石硫合剂，或 5% 唑螨酯悬浮剂

2 000 倍液。

　　葡萄生长季节，发现有瘿螨为害时，可喷施下列药剂：50%溴螨酯乳油 2 500 倍液，或 50%四螨嗪悬浮剂 2 000 倍液，或 5%唑螨酯悬浮剂 2 500 倍液，或 1.8%阿维菌素乳油 3 000 倍液，或 10%浏阳霉素乳油 3 000 倍液，或 0.3%印楝素乳油 1 500 倍液，或 1%血根碱可湿性粉剂 2 500 倍液。全株喷洒，使叶片正反面均匀着药。

　　在发生严重的园区，可喷施下列药剂：15%哒螨灵乳油 1 500 倍液，或 5%噻螨酮乳油 1 500 倍液，或 50%溴螨酯乳油 1 500 倍液，或 15%氟螨乳油 1 000~1 500 倍液，或 30%嘧螨酯悬浮剂 3 000 倍液，或 20%吡螨胺可湿性粉剂 2 000 倍液等。

　　3. 加强检疫　苗木、插条能传染瘿螨。因此，疫区插条、苗木等向外地调运时，应注意检查，防止把瘿螨外传。无瘿螨地区从外地，特别是从有瘿螨地区引入苗木时，在定植前最好用温汤消毒。具体方法是把插条或苗木先放入 30~40 ℃热水中，浸 5~7 分钟，然后移入 50 ℃热水中，再浸 5~7 分钟，可防治潜伏的瘿螨。

二十八　葡萄根瘤蚜

葡萄根瘤蚜 *Daktulosphaira vitifoliae*（Fitch），属于同翅目根瘤蚜科，是世界上第一个被列入检疫对象的有害生物。

【分布与寄主】

葡萄根瘤蚜原产北美洲东部，1892 年由法国首先传入我国山东省烟台市。在我国历史上，辽宁盖县、陕西武功有发生。自 2005 年 6 月上海嘉定区马陆镇发现葡萄根瘤蚜以来，陆续在湖南怀化、陕西西安、辽宁兴城等地发现了根瘤蚜，在我国存在暴发的风险。葡萄根瘤蚜为严格的单食性害虫，它只为害葡萄属葡萄。为害美洲系葡萄品种时，既能为害叶部还能为害根部。

【为害状】

叶部受害后，在葡萄叶背形成许多粒状虫瘿，称为叶瘿型。根部受害，以新生须根为主，也可为害近地表的主根。在须根

葡萄根瘤蚜为害叶片形成虫瘿（1）

葡萄根瘤蚜为害叶片形成虫瘿（2）

葡萄根瘤蚜为害根部形成虫瘿

端部膨大成小米粒大的略呈菱形的瘤状结，在主根上则形成较大的瘤状突起，称根瘤型。一般受害树势显著衰弱，提前黄叶、落叶，产量大幅降低，严重时整株枯死。

【形态特征】

葡萄根瘤蚜有根瘤型、叶瘿型、有翅型及有性型等，体均小而软，触角3节，腹管退化。

1.根瘤型

（1）成虫：体长1.2~1.5毫米，卵圆形，鳞毛黄色或黄褐色，头部颜色稍深，足和触角黑褐色，体背面各节有许多黑色瘤状突起，各突起上均生1~2根刺毛。

（2）卵：长约0.3毫米，宽约0.16毫米，长椭圆形，初为淡黄色，后渐变为暗黄色。

（3）若虫：初为淡黄色，触角及足呈半透明，以后体色略深，复眼由3个单眼组成，红色，足变黄色。

2.叶瘿型

（1）成虫：近圆形，黄色，体背有微细的凹凸皱，无黑色瘤状突起，全体生有短刺毛，腹部末端有长刺毛数根。

（2）卵：长椭圆形，淡黄色，较根瘤型卵色浅而明亮，卵壳较薄。

（3）若虫：初孵出时与根瘤型若虫极相似，仅体色较浅。

3. 有翅型

（1）成虫：长椭圆形，前宽后狭，长约0.9毫米。初羽化时淡黄色，继而橙黄色。中后胸红褐色，触角及足黑褐色，翅灰白色透明，上有半圆形小点；前翅前缘有翅痣，后翅前缘有钩状翅针，静止时翅平叠于体背。

（2）若虫：初龄若虫同根瘤型若虫，2龄若虫体较狭长，体背黑色瘤状突起明显，触角较粗。3龄若虫体侧有黑褐色翅芽，身体中部稍凹入。腹部膨大，若虫成熟时，胸部呈淡黄色半透明状。

4. 有性型

由有翅型产下的卵孵化而成。小卵孵化成雄蚜，大卵孵化成雌蚜，身体长圆形，黄褐色无翅，较小，雌雄蚜交尾后产1个越冬卵。冬卵深绿色，长0.27毫米，宽0.11毫米。其他和有翅型相似。

【发生规律】

根瘤蚜主要行孤雌生殖，繁殖速度快，代数多，在美洲种具有完整的发育循环叶瘿型和根瘤型。在欧洲种上只有根瘤型，极少发生叶瘿型。叶瘿型以冬卵和若虫在枝和根部越冬，根瘤型则以若虫越冬。

我国山东烟台地区根瘤蚜属于根瘤型。1年发生7~8代，以初龄若虫在表层土和粗根缝处越冬。翌年4月开始活动，5月上旬产生第1代卵，5月中旬至6月底和9月两个时期发生为害最重，蚜虫数最多，7~8月雨季时期被害根系开始腐烂，蚜虫向表层土上移，在须根中为害，形成大量菱形根瘤。有翅若虫于7月上旬始见，9月下旬至10月为盛期，延至11月上旬，有翅蚜虫极少钻出地面。

西安和上海两地田间两地的葡萄根瘤蚜为根瘤型，以孤雌生殖为主，在 8~10 月出现有性世代更替，田间调查发现少量根瘤蚜有翅型若虫，但未发现有翅型成虫；虫口总量分别在 7 月和 10 月出现两次高峰。从 11 月开始，成虫大量死亡，卵的数量随之减少，种群数量开始下降，逐渐进入越冬休眠状态，1 龄幼虫是其越冬的主要形态。春季当地温上升到 13.0 ℃左右时，葡萄根瘤蚜结束休眠，幼虫开始取食，经过几次蜕皮逐渐转变为成虫，进行孤雌生殖产卵。

有翅蚜虫在美洲野生葡萄上产大小不同的卵。大卵孵化为雌蚜，小卵孵化为雄蚜。雌雄交尾后产卵越冬。翌春孵出若虫在葡萄叶片上为害，形成虫瘿或叶瘿。虫瘿成熟后又产卵孵出若虫，形成新的虫瘿，1 年繁殖 7~9 代；叶瘿型蚜虫自第 2 代起便开始转入土中，为害根系，形成根瘤蚜虫。

此虫有 5 种传播方式：

（1）通过苗木、种条，远距离传播（随带根的葡萄苗木调运传播。在完整生活史的地区，枝条往往附着越冬卵、种条调运传播）。

（2）此虫爬出地面，再通过缝隙侵染临近植株。

（3）有翅蚜和叶瘿随风传播。

（4）随水流传播。

（5）带根瘤蚜的物体（如土壤等），通过运输工具、包装传播。

【防治方法】

1. 加强检疫

（1）严格执行检疫条例：首先应加强疫情调查，明确目前葡萄根瘤蚜的分布为害区，在此基础上划定疫区和保护区。严禁从疫区调运苗木、插条、砧木等。

检验方法分为两类：苗木产地检验、苗木（种条）的检验。

1）苗木产地检验：包括地上部检验和根系检验。

①地上部的检验：应包括春季检查叶片上是否有虫瘿（历史上没有报道我国的葡萄根瘤蚜能形成虫瘿，所以此项检测暂时可以省略）。

②根系检查：可在收获前1个月至整个收获季节（一般6月中旬至9月是最好的取样时间）取样。以出现衰弱信号时的植株（单个或一片）为主，结合其他取样方法（例如五点取样）取样，取植株周围半径1米以内，深度为10~35厘米的根系与根系周围的土壤；样品中以须根为主，应包括直径为2厘米左右的粗根和500~1 000克的土壤。

检测根系是否受害的典型症状：须根菱形（或鸟头状）根瘤、根部根瘤等；用放大镜或解剖镜检查根部，看是否有各虫态的蚜虫；土壤用水泡，检测水中漂浮物是否有蚜虫。发现可疑物需要进一步检验时，可以制成玻片检查。

2）苗木（种条）检验：苗木或种条,按一定比例抽样；检查时,要注意苗木上的叶片是否有虫瘿、枝条上是否有虫卵、根部（尤其须根）有无根瘤，根部的皮缝和其他缝隙有无虫卵、若虫等。

（2）建立无虫苗圃：选择不适宜于葡萄根瘤蚜的沙荒地开发建成葡萄苗圃或果园，生产出较多的无葡萄根瘤苗木，供发展葡萄园使用。

2. 改良土壤或沙地栽培　根瘤型葡萄根瘤蚜，适宜于山地黏土、壤土或含有大块石砾的黄黏土，这一类型土壤发生多，为害重。而沙土地则发生少或根本不发生。

3. 土壤处理　发现有根瘤蚜虫的葡萄园，用50%辛硫磷500

克，均匀拌入 50 千克细土，每亩用药量约 250 克，于 15：00~
16：00 时施药，施药后随即深锄入土内进行毒土处理；已发生根
瘤蚜的葡萄园，在 5 月上中旬可用 50% 抗蚜威可湿性粉剂 3 000
倍液灌根，每株灌药液 500 毫升；或利用大水灌溉，阻止根瘤蚜
繁殖。

4. **选用抗蚜品种** 采用抗性砧木嫁接栽培是控制根瘤蚜为害
最有效的方法。

二十九　葡萄鸟害

　　随着近些年我国鸟的种类、数量明显增加，一些杂食性鸟类啄食葡萄果实在一些地方已成为影响葡萄生产的一大问题。

葡萄园架设防鸟网

葡萄鸟害（1）

葡萄鸟害（2）

葡萄鸟害之一 ——灰椋鸟

葡萄鸟害之一 ——花喜鹊

葡萄鸟害之一 ——灰喜鹊

【主要鸟害的种类及为害特点】

1. **灰椋鸟**　额、眼先、颊、耳区等均白，杂有黑色条纹，白色向后呈星散稀疏的条纹伸入头顶和喉。头、颈黑色略有绿色光泽。喉和上胸灰黑色，有不明显的轴纹，所有这些羽毛均呈矛状，翼之复羽为灰褐色，尾上复羽有一白色横带柄，具绿色光泽。下胸及腋部暗灰色，腹灰白色，尾下复羽及尾蓝色。雌鸟的喉和上胸褐而不黑，两肋灰褐稍浅。眼围白圈。嘴橙红，尖端黑。脚和趾橙黄。常结群活动，以植物种子、虫子及葡萄、桑葚、枣等果实为主。尤其喜食葡萄。

2. **花喜鹊**　头颈、背、胸黑色；肩羽、腹白色；尾甚长，蓝绿色；尾下腹羽黑色。飞行时，初级飞羽内瓣及背两侧白色非常醒目，常发出单调粗哑的似"夹卡、夹卡"之声。分布在平地、山丘的高树或农田。常单独或小群于田野空旷处活动，性凶猛粗暴，有收藏小物品的怪癖，警觉性高。振翅幅度大，呈波浪状飞行。筑巢于大树中上层，以各种树枝为巢材，巢大而醒目。杂食性，主要为害是啄食葡萄果粒。

3. **灰喜鹊**　头和后颈亮黑色，背上灰色；翅膀和长长的尾巴呈天蓝色，下体灰白色。尾羽较长，几乎与身体的其他部分等长，并具有白色羽端；颌部与环绕头部的羽毛为白色，喉部、胸部、腹部为污白色，且沿自头向尾的方向颜色平缓地略现加深的趋势。杂食性鸟类，主要啄食葡萄果粒，早晨和黄昏活动。

4. **大山雀**　头顶、枕部以至后颈上部呈金属发蓝的亮黑色。眼下、颊、耳羽直至颈侧白色，呈三角形斑，上背黄绿色，下背至尾上复羽灰蓝色。飞羽黑褐色，喉和前胸黑色，略具金属反光。腹部白色，中央贯以黑色纵带，由前胸向后，与黑色的尾下复羽相接。喙、脚为黑色。食物以昆虫、植物果实和种子为主。

5. **麻雀**　麻雀体长为14厘米左右，雌雄形色非常接近。喙黑色，呈圆锥状；跗跖为浅褐色；头、颈处栗色较深，背部栗色较浅，饰以黑色条纹。脸颊部左右各有1个黑色大斑，这是麻雀最易辨认的特征之一，肩羽有两条白色的带状纹。尾呈小叉状，浅褐色。幼鸟喉部为灰色，随着鸟龄的增大此处颜色会越来越深直到呈黑色。杂食性。

6. **乌鸦**　包括红嘴乌鸦、寒鸦、大嘴乌鸦。主要为害是啄食葡萄果粒。

（1）红嘴乌鸦：通体黑亮，翼和尾闪着绿色光泽。嘴鲜红、细长而微弯曲。脚趾均红，爪黑褐色。杂食性。

（2）寒鸦：后颈、颈侧及下胸以下的下体均为白色或灰白色，其余体羽纯黑并具紫色金属光泽。耳羽及后头有白色细纵纹。幼鸟体羽全为黑色。杂食性。

（3）大嘴乌鸦：嘴形粗大，通体黑色，体羽有绿色金属光泽，翼及尾有紫色金属光泽。喉和上胸的羽毛呈锥针形，后颈羽枝散离如丝。杂食性。

【鸟害发生规律】

1. 栽培方式与鸟类为害的关系　采用篱架栽培的葡萄园鸟害明显重于棚架，而在棚架上，外露的果穗受害程度又较内腔果穗严重。套袋栽培葡萄园的鸟害程度明显减轻，质量好的果袋受害轻。

2. 季节与鸟类为害的关系　一年中，鸟类在葡萄园中活动最多的时期是果实上色到成熟期。

【防护对策】

1. 果穗套袋　果穗套袋是最简便的防鸟害方法，同时也防病虫、农药、尘埃等对果穗的影响。但灰喜鹊、乌鸦等体型较大的鸟类，常能啄破纸袋而啄食葡萄，因此一定要用质量好的防鸟袋。在鸟类较多的地区也可用尼龙丝网袋进行套袋，不仅可以防止鸟害，而且不影响果实上色。

葡萄二次套袋，葡萄果实成型后，套上专用纸袋，待葡萄成熟前取下纸袋，让葡萄充分沐浴光照，使其着色、增甜。为防止摘纸袋后引来喜鹊、乌鸦和一些鸟啄食葡萄，可选择透明的塑料袋防鸟，这既不影响葡萄采光，还可防止葡萄裂口及外界污染。

2. 架设防鸟网　该方法是先在葡萄架面上 0.75~1.0 米处增设由 8~10 号铁丝纵横成网的支持网架，网架上铺设用尼龙丝制作的专用防鸟网，网架的周边垂至地面并用土压实，以防鸟类从旁边飞入。尽量采用白色尼龙网，不宜用黑色或绿色的尼龙网。在冰雹易发的地区，可将防雹网与防鸟网结合设置。

3. 增设隔离网　大棚、日光温室进出口及通风口、换气孔应设置适当规格的铁丝网或尼龙网，以防止鸟类进入。

4. 改进栽培方式　在鸟害常发区，适当多留叶片，遮盖果穗，并注意果园周围卫生状况，也能明显减轻鸟害发生。

5. 驱鸟

（1）人工驱鸟：鸟类在清晨、中午、黄昏三个时段为害果实较严重，果农可在此前到达果园，及时把鸟驱赶到园外。15分钟后应再检查、驱赶1次，每个时段一般需驱赶3~5次。

（2）音响驱鸟：将鞭炮声、鹰叫声、敲打声、鸟的惊叫声等用录音机录下来，在果园内不定时地大音量播放，以随时驱赶园中的散鸟。声音设施应放置在果园的周边和鸟类入口处，以利用风向和回声增大声音防治设施的作用。

（3）置物驱鸟：在园中放置假人、假鹰或在果园上空悬浮画有鹰、猫等图形的气球，可短期内防止害鸟入侵。置物驱鸟最好和声音驱鸟结合起来，以使鸟类产生恐惧，起到更好的防治效果。同时使用这两种方法应及早进行，一般在鸟类开始啄食果实前开始防治，以使一些鸟类迁移到其他地方筑巢觅食。

（4）反光膜驱鸟：地面铺反光膜，反射的光线可使鸟短期内不敢靠近果树，也利于果实着色。

（5）喷水驱鸟：有喷灌条件的果园，可结合灌溉和"暮喷"进行喷水驱鸟。

现在市场上有一种模拟鹰的驱鸟器，可以像鹰一样展开翅膀，定时鸣叫，效果较好。